NOTICE

SUR LA FABRICATION

DES

EAUX MINÉRALES ARTIFICIELLES

PAR

E. SOUBEIRAN

DIRECTEUR DE LA PHARMACIE CENTRALE DES HOPITAUX
ET HOSPICES CIVILS DE PARIS,
PROFESSEUR A L'ÉCOLE DE PHARMACIE, MEMBRE DE L'ACADÉMIE ROYALE
DE MÉDECINE, ETC., ETC.

PARIS

FORTIN, MASSON ET Ce, LIBRAIRES-ÉDITEURS,

Successeurs de CROCHARD et Ce,

Place de l'École-de-Médecine, 17.

1840

PARIS. — IMPRIMERIE D'AMÉDÉE GRATIOT ET Cie, RUE DE LA MONNAIE, 11.

NOTICE

SUR LA FABRICATION

DES

EAUX MINÉRALES ARTIFICIELLES.

Les eaux minérales sont les eaux de sources naturelles, auxquelles une haute température ou la proportion et la nature des matières dissoutes donnent des caractères particuliers qui les rendent souvent impropres aux usages ordinaires de la vie, mais qui leur communiquent des propriétés spéciales dont la médecine peut tirer parti pour la guérison des maladies.

Les avantages que les malades retirent des eaux minérales quand ils les boivent à la source même, ne sont révoqués en doute par personne. A l'action propre qui appartient aux eaux, se joint l'influence souvent salutaire des circonstances accessoires, telles que la distraction produite par le voyage, le changement d'une vie molle en une vie d'exercice; mais l'état des malades, et plus encore les frais considérables que nécessiterait leur transport jusqu'aux sources, sont des obstacles qui ne s'opposent que trop souvent à ce que l'on puisse user de ce genre de médication; on a cherché à y parer, en transportant l'eau auprès du malade lui-même; mais il faut bien dire que l'absence des mêmes conditions amène une grande différence dans les résultats. La nature de l'eau peut être changée, soit que toutes les précautions convenables n'aient pas été prises pour sa conservation, soit que l'eau elle-même soit de nature si altérable, qu'aucune précaution ne puisse empêcher sa décomposition; on a tout lieu de croire, en outre, pour certaines de ces eaux, que l'effet en est différent pour le malade, lorsqu'il ne les prend pas dans les mêmes circonstances, lorsqu'un exercice convenable au milieu d'un air pur n'accompagne pas ou ne suit pas l'ingestion de l'eau, lorsque cette eau est bue froide, au lieu d'être prise en même temps chaude et acidule, comme on la rencontre souvent à la source.

Les changements que les eaux naturelles transportées loin de la source éprouvent souvent dans leur nature, ont amené la création d'un art nouveau, celui de l'imitation des eaux naturelles; bientôt l'enthousiasme des uns et l'intérêt des autres a été si loin, que l'on n'a pas craint d'avancer que, dans la fabrication des eaux minérales, l'art avait surpassé la nature. Une polémique s'est établie entre les défenseurs des eaux naturelles et les partisans des eaux artificielles; et, comme de coutume, chacun de son côté, a eu en même temps tort et raison.

La discussion de cette question ne saurait s'établir qu'entre les eaux transportées loin de la source et les eaux artificielles, car il est de toute évidence que si les bonnes propriétés d'une eau minérale sont constatées, en outre des avantages accessoires que la position géographique de la source peut lui assurer, on ne sera jamais aussi certain de l'avoir pareille à elle-même, que lorsqu'elle sera puisée à sa source même.

Le premier reproche que l'on fait aux eaux minérales transportées au loin, c'est de n'être pas, après ce transport ou quelque temps après, ce qu'elles étaient à la source. Il est certain que quelques-unes d'entre elles éprouvent des altérations profondes qui les dénaturent complétement: telles sont toutes les eaux hydrosulfurées des Pyrénées; telles sont encore une grande partie des eaux qui contiennent des matières glaireuses: l'eau de Plombières, celle de Luxeuil, exhalent bientôt une odeur fétide quand elles sont conservées longtemps dans les dépôts; la même chose arrive, quoique plus tard, aux eaux de Vichy. Quand une eau contient des sulfates et des matières organiques, elle devient fétide par la transformation des sulfates en sulfures alcalins. On a de nombreux exemples de cette décomposition, et même quelques sources sulfureuses naturelles paraissent se former par une décomposition de ce genre: je citerai l'eau d'Enghien. M. Henry a vu ce genre de décomposition se produire dans l'eau de Passy et dans l'eau de Billazai conservées en bouteilles. M. Caventou attribue aussi à quelques matières organiques, à quelques débris de paille laissés par mégarde dans les bouteilles, l'altération du même genre qui s'observe quelquefois dans l'eau de Seltz transportée.

Il faut remarquer, toutefois, que ce reproche de mauvaise conservation ne s'applique qu'à un nombre assez restreint d'eaux minérales, et que d'autres, en bien plus grand nombre, se conservent sans altération quand elles ont été puisées et bouchées avec le soin convenable. On peut s'en rapporter, pour ces précautions, aux propriétaires des établissements qui ont incessamment intérêt à assurer la conservation des eaux qu'ils expédient.

On a fait encore aux eaux naturelles le reproche de varier dans leur composition; l'on a mis en opposition l'avantage que présentent les eaux artificielles de pouvoir être préparées sur une formule fixe qui les rend toujours complétement identiques. On ne saurait douter, il est vrai, que les proportions de matières salines de certaines eaux minérales ne soient susceptibles de varier : le fait est bien constaté pour quelques-unes d'elles (Spa, Forges, Seltz, etc.). Je suis même convaincu qu'il en est de même pour toutes. Malgré ce qu'on a dit de l'extrême fixité de composition de ces eaux, je pense que la proportion relative des matières salines et de l'eau n'y est pas constamment la même; car, en supposant que la source profonde ne change jamais, ce dont il est permis de douter, on ne saurait nier toutefois qu'elle se mêle, la plupart du temps, avec les eaux superficielles en des proportions qui varieront, et avec la localité et avec la saison. Je ne crois pas qu'il faille chercher ailleurs la cause des différences légères que l'on a observées entre des sources voisines qui ont évidemment une origine commune, et qui ne présentent entre elles que de légères différences de température ou de composition. Il faut remarquer, toutefois, que les différences de composition que l'on peut observer dans une même source sont fort légères, et par cela même peu importantes pour l'emploi médical; car enfin il s'agit d'administrer une matière médicamenteuse à des doses reconnues bonnes, mais qui ne peuvent jamais être fixées d'une manière absolument rigoureuse.

Les partisans exclusifs des eaux naturelles ont attaqué à leur tour les eaux artificielles avec une alliance de bonnes et de mauvaises raisons. Il suffit de rappeler leurs idées sur les propriétés occultes des sources de la nature, sur les lois particulières de combinaisons suivant lesquelles elles seraient formées, sur la nature toute spéciale du calorique dont elles seraient chargées. Je dois dire quelque chose d'une autre opinion, qui n'est pas mieux fondée, sur la manière d'être de l'acide carbonique dans ces eaux. On assure qu'elles conservent ce gaz avec plus de ténacité, et que, lorsque des eaux gazeuses naturelles et des eaux gazeuses artificielles sont exposées en même temps à l'air libre, les premières gardent plus longtemps leur saveur aigrelette. J'ai fait, de concert avec MM. Orfila et Barruel, une expérience comparative sur l'eau de Saint-Alban, et nous n'avons rien vu de pareil. Il est vrai qu'au lieu de déboucher brusquement la bouteille d'eau artificielle, et de produire un bouillonnement rapide, qui enlève mécaniquement à l'eau beaucoup de gaz, nous nous sommes contentés de faire au bouchon de chacune des bouteilles une ouverture fort petite, par laquelle la pression intérieure et la pression extérieure se sont fort lentement mises en équilibre; c'est alors seulement que nous avons exposé comparativement les deux eaux à l'action de l'air.

La plus forte objection que l'on ait pu faire contre la substitution des eaux artificielles aux eaux naturelles, c'est l'incertitude où nous serons toujours, pour quelques-unes d'elles, que l'analyse ait fait connaître exactement et la nature et la quantité des éléments qui se trouvent dans ces eaux et l'impossibilité où nous sommes de reproduire fidèlement certains composés qui s'y trouvent.

Il faut convenir que, parmi les analyses d'eaux minérales que nous possédons, il en est beaucoup qui ne sont pas l'ouvrage de chimistes assez expérimentés; il faut dire encore que beaucoup d'entre elles ont été faites loin des sources, sans garantie parfaite des précautions qui avaient pu être prises pour mettre l'eau dans les bouteilles, sans connaissances suffisantes des circonstances particulières des localités, ou des phénomènes particuliers qui ne peuvent être observés que sur les lieux mêmes. Quel que soit d'ailleurs le talent du chimiste qui s'est occupé de ce genre de recherches, on ne peut se défendre de conserver des doutes sur les conclusions qu'il tire de ses expériences, s'il n'a puisé lui-même l'eau minérale dont il s'est servi, s'il n'a observé avec soin toutes les circonstances qui accompagnent sa sortie ou qui se présentent à quelque distance de la source, s'il n'a fait, sur les lieux mêmes, une partie des expériences qui sont nécessaires pour arriver à connaître exactement la composition de l'eau minérale qu'il étudie. Aussi doit-on regretter vivement que, pour un motif mesquin d'économie, le gouvernement ait interrompu les travaux d'analyse que M. Longchamps avait commencés avec tant de succès.

Quelle que soit l'habileté du chimiste qui se sera occupé d'analyser une eau minérale, on pourra douter encore qu'il ait tout vu, car la science marche et fait naître de nouveaux moyens d'investigation; c'est ainsi qu'elle a prouvé un jour que beaucoup d'eaux que l'on croyait minéralisées par l'hydrogène sulfuré, l'étaient par des sulfures alcalins; qu'elle a fait trouver dans les eaux minérales l'iode et le brome, agents actifs, et dont on ne pouvait y soupçonner l'existence : sous ce rapport, une eau artificielle ne peut être regardée comme l'égale de l'eau naturelle, qu'elle est appelée à représenter, qu'autant qu'une expérience médicale, longtemps continuée, a démontré l'identité de leurs effets.

De l'état actuel de nos moyens d'analyse, résulte encore un autre doute sur nos moyens d'imiter les eaux naturelles. Personne ne nie que les sels que nous obtenons dans nos opérations ne soient pas toujours ceux qui étaient en dissolution dans l'eau, et si l'on en doutait il suffirait de voir qu'une même eau fournit des substances salines différentes, quand on modifie les procédés analytiques. Il est vrai que Murray a admis, et beaucoup de personnes avec lui, que dans une dissolution, ce sont les combinaisons les plus solubles qui existent, et que les quantités de chaque base et de chaque acide étant données, on doit interpréter l'état des sels en ce sens, que, les plus solubles se trouvent réellement en dissolution; mais c'est là une hypothèse gratuite, et l'on doit convenir que souvent nous ne pouvons apprécier avec exactitude la manière dont les éléments salins sont réunis entre eux.

Il existe en outre, dans certaines eaux minérales, des matières spéciales produites par un concours de circonstances que nous ne pouvons reproduire de manière à introduire ces matières dans nos eaux artificielles ; telles sont, pour la plupart du temps, les substances désignées sous le nom de résine, bitumes, matière extractive huileuse ou azotée, barégine, etc. Elles concourent certainement aux propriétés des eaux minérales, soit par elles-mêmes, soit par les combinaisons qu'elles ont contractées avec d'autres principes appartenant à ces eaux.

Pour résumer cette discussion, je dirai que les eaux minérales naturelles doivent être préférées aux eaux artificielles, toutes les fois qu'elles peuvent être conservées longtemps sans altération ; que l'on peut employer indifféremment les unes ou les autres dans les cas où l'on peut arriver à une imitation complète, savoir : quand l'eau naturelle a été analysée par un chimiste habile, et que cette analyse a servi de base à la fabrication de l'eau artificielle, lorsque rien dans la composition de l'eau naturelle n'annonce la présence de matières que nous ne pouvons former artificiellement, ou ne fait soupçonner l'existence de quelque principe qui aurait pu échapper à l'analyse ; enfin lorsqu'une étude comparative et longtemps continuée des propriétés médicales des deux espèces d'eaux, a montré l'identité de leur action sur l'économie vivante.

Il est quelque cas où les eaux artificielles doivent être préférées ; ainsi, en chargeant d'un grand excès d'acide carbonique les eaux ferrugineuses et les eaux salines, on les rend moins rebutantes, plus digestives pour le malade, sans affaiblir leurs autres propriétés ; ainsi, l'eau de Seltz, chargée d'un excès de gaz, est plus propre, dans bien des cas, à faciliter la digestion que l'eau naturelle qui est à peine acidule : c'est dans ce cas que l'on peut dire réellement que l'art a surpassé la nature.

Quelque idée que l'on se fasse d'ailleurs de l'analogie que peuvent présenter entre elles les eaux naturelles et les eaux artificielles, on ne saurait se refuser à convenir que celles-ci rendent journellement de grands services à l'art de guérir. Beaucoup d'entre elles sont réellement des imitations grossières de la nature ; mais elles constituent des médicaments nouveaux dont l'usage a consacré le bon emploi.

La fabrication des eaux minérales présente quelques difficultés, à cause du nombre considérable des corps que l'on peut avoir à introduire dans ces eaux. Pour mettre de l'ordre dans ce travail et en rendre l'étude plus facile, j'examinerai d'abord les procédés généraux de fabrication, puis je donnerai les moyens de préparer chaque espèce d'eau minérale en particulier. La fabrication, considérée d'une manière générale, se compose de manipulations spéciales, ou de considérations qui s'appliquent au moyen d'introduire dans les eaux certaines séries de corps. Je traiterai successivement de l'introduction de l'acide carbonique dans les eaux, ou de la préparation des eaux gazeuses simples; des moyens propres à introduire dans les eaux les matières salines, la silice ou les substances organiques.

DE LA PRÉPARATION DE L'EAU GAZEUSE.

L'acide carbonique que l'on introduit dans les eaux s'obtient par l'action de l'acide sulfurique ou de l'acide chlorhydrique sur le carbonate de chaux. Il se fait du sulfate ou du chlorhydrate de chaux, et l'acide carbonique est mis en liberté. On se sert de marbre blanc ou de craie : dans le premier cas, c'est à l'acide chlorhydrique que l'on a recours; on l'étend de son poids d'eau, pour qu'il ne répande plus de vapeurs acides. Son action sur le marbre est régulière, parce que le marbre, qui est compacte, ne se laisse attaquer que peu à peu par l'acide; mais l'action continue à se produire tant qu'il y a de l'acide libre, parce que le chlorhydrate de chaux qui se forme sans cesse, étant un sel très soluble, est dissous à mesure par la liqueur, et livre toujours la surface nue du marbre à l'action de l'acide décomposant. Avec le même carbonate, l'emploi de l'acide sulfurique serait moins bon; il formerait bientôt à la surface du calcaire une couche de sulfate de chaux insoluble, qui mettrait obstacle au contact intime de l'acide avec le carbonate : l'action cesserait, ou ne marcherait qu'avec beaucoup de lenteur.

Lorsque l'on a à sa disposition de l'acide chlorhydrique de bonne qualité, il est assez indifférent d'avoir recours à l'un ou à l'autre procédé: c'est la valeur commerciale des acides qui fait donner la préférence à l'un ou à l'autre; mais à Paris, où les acides chlorhydriques sont, depuis quelques années, très chargés d'acide sulfureux, les fabricants d'eaux minérales ont donné la préférence à l'acide sulfurique, qui fournit un gaz carbonique plus facile à laver. On peut cependant, suivant la méthode que M. Girardin de Rouen nous a fait connaître, utiliser l'acide chlorhydrique chargé d'acide sulfureux, en faisant passer dans l'acide impur du commerce du chlore, qui change l'acide sulfureux en acide sulfurique.

Veut-on produire l'acide carbonique au moyen du marbre, on emploie celui-ci en fragments et l'on fait agir l'acide chlorhydrique assez étendu d'eau pour qu'il cesse d'être fumant.

On a rarement recours à l'action de l'acide chlorhydrique sur la craie, parce que ce carbonate étant très divisé, et le sel qui résulte de sa décomposition étant soluble, la décomposition s'établirait presque instantanément sur tous les points à la fois, le gaz carbonique se dégagerait avec violence, et le dégagement cesserait presque aussitôt pour reparaître de nouveau tumultueusement lors de l'affusion d'une nouvelle quantité d'acide. L'opération ne marcherait pas d'une manière régulière.

Pour produire le gaz carbonique, au moyen de l'acide chlorhydrique et du marbre, on se sert de l'appareil ci-contre.

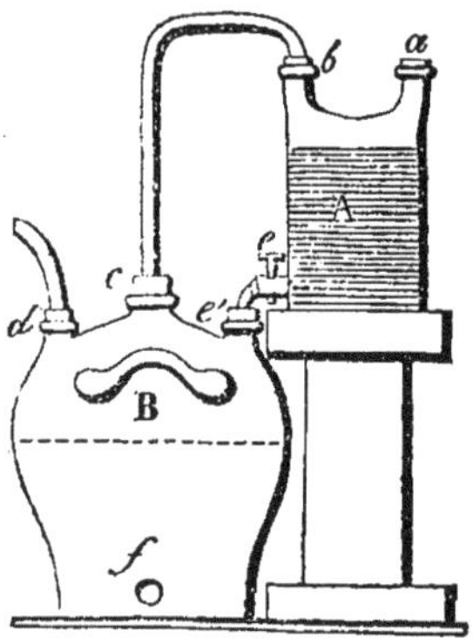

A est un flacon de 20 à 25 litres, destiné à recevoir l'acide chlorhydrique; la tubulure *a* reste fermée, et ne s'ouvre que lorsque l'acide est consommé et que l'on veut en introduire de nouveau; la tubulure *b* est munie d'un tube en plomb bien fixé avec un bouchon; ce tube se replie sur lui-même et vient s'adapter à la tubulure *c* de la bonbonne de grès B, où il ne pénètre qu'environ de l'épaisseur du bouchon.

B est une bonbonne en grès, à trois tubulures supérieures *c d é*, et à une tubulure inférieure *f*. On remplit aux trois quart cette bonbonne avec un marbre cassé par morceaux; la tubulure *d* porte un tube de plomb qui va porter le gaz carbonique en dehors du vase de production; *c* reçoit le tube qui établit la communication entre la partie supérieure de A et celle de B; *é* reçoit l'extrémité d'un robinet en verre qui est solidement fixé dans la tubulure *e* du vase A. Suivant que l'on ouvre ou que l'on ferme le robinet, on établit ou l'on arrête l'écoulement de l'acide sur le marbre. Le tube qui va de *b* en *c* établit une communication entre l'atmosphère gazeuse des deux vases, de manière à ce que l'augmentation de pression qui se manifeste en B par la production du gaz se fasse sentir également en A, et qu'elle ne fasse pas obstacle à l'écoulement de l'acide sur le marbre. *f* sert à vider le chlorure de calcium qui s'est formé.

Quand on emploie pour produire le gaz acide carbonique l'acide sulfurique, on se sert toujours de la craie; on pulvérise celle-ci, on la délaie dans l'eau, de manière à en faire une bouillie claire; et l'on y verse par parties l'acide sulfurique concentré : on renouvelle les surfaces au moyen d'un agitateur.

Pour opérer avec l'acide sulfurique, on se sert avec avantage de l'appareil suivant. C'est un vase en plomb V dans lequel on introduit par une tubulure de la craie pulvérisée et délayée dans trois fois et demie son poids d'eau.

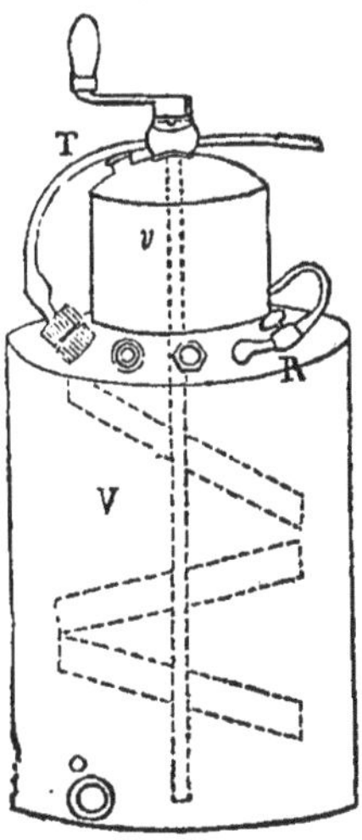

Un vase plus petit *v* est placé au-dessus du premier, avec lequel il est soudé, et sert de réservoir à de l'acide sulfurique concentré. On fait tomber l'acide sur la craie en ouvrant le robinet R : la communication entre l'atmosphère des deux vases est établie par un tuyau en plomb intérieur.

Un conduit en plomb creux qui traverse le vase supérieur, donne passage à un agitateur en cuivre, que l'on met en mouvement au moyen d'une manivelle, et qui sert à renouveler les surfaces entre l'acide et la craie. T est le tube destiné à porter le gaz carbonique dans le laveur.

Le lavage du gaz acide carbonique est une opération importante : il a pour effet de débarrasser ce gaz des portions d'acide étranger qu'il a pu entraîner avec lui. Ce lavage peut se faire de diverses manières; je me sers d'un tonneau en bois, étroit et profond; un tube amène le gaz jusqu'au fond du tonneau; celui-ci est rempli d'eau jusqu'à la douille *d*, qui sert à reconnaître quand la quantité d'eau introduite dans le tonneau, est assez considérable. Le gaz à son arrivée est obligé de traverser un diaphragme percé de petits trous placé au fond du tonneau; il s'y divise en très petites bulles et présente ainsi beaucoup de surface à l'eau qui doit le débar-

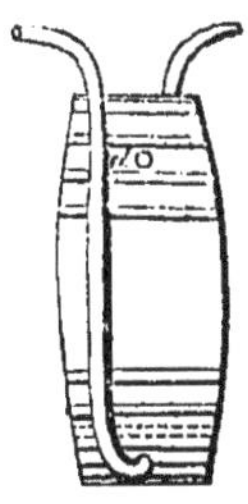

rasser des acides étrangers. Un autre tube va porter le gaz lavé sous le gazomètre. Le lavage est du reste d'autant plus facile, que l'on a délayé dans une quantité d'eau plus grande, la craie destinée à fournir l'acide carbonique.

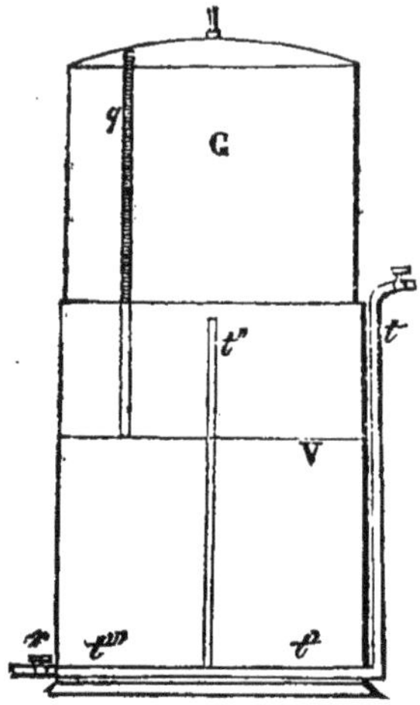

La gazomètre se compose d'un grand vase V cylindrique, en cuivre étamé (il peut être fait en bois) que l'on remplit d'eau, et d'une cloche renversée en cuivre étamé C, qui est tenue en équilibre au moyen d'un contrepoids. Le gaz arrive dans la cloche par le tube $t\ t'\ t''$; il en sort par le tube $t''\ t'''$ quand le robinet r est ouvert et que la pompe aspirante est mise en jeu.

Quand on a besoin de connaître exactement la quantité de gaz que l'on emploie, la cloche du gazomètre est armée d'une règle graduée q, qui fait connaître le nombre de litres de gaz contenus dans le gazomètre par l'observation prise sur la règle du point qui affleure la surface de l'eau.

Pour introduire l'acide carbonique dans les eaux minérales; comme l'eau dissout un volume égal au sien d'acide carbonique, on pourrait se contenter de saturer les eaux de gaz acide carbonique sous la pression ordinaire; mais l'habitude qu'ont les consommateurs des eaux mousseuses et sursaturées, a fait de l'emploi des appareils de compression une nécessité de la fabrication actuelle.

Deux systèmes différents sont mis en usage. Dans l'un, une pompe aspirante et foulante va puiser le gaz dans un réservoir ou gazomètre où il est contenu sous la pression ordinaire, et le refoule dans un appareil fermé. Dans l'autre système, l'acide carbonique n'est pas produit dans un appareil séparé et la compression se trouve exercée par le gaz lui-même. Les appareils où l'on produit le gaz éprouvent nécessairement des modifications, suivant que l'on opère suivant l'un ou l'autre système.

Quand on prépare le gaz à part, la disposition des appareils qui servent à le produire n'est pas liée intimement à la fabrication de l'eau gazeuse et l'on peut assez indifféremment avoir recours à un procédé ou à un autre; mais quand la compression du gaz doit être exercée par le gaz lui-même, la disposition des vases dans lesquels l'acide carbonique est produit est liée nécessairement aux autres parties de l'appareil; nous nous en occuperons en traitant de ce système de fabrication.

Dans le premier système de fabrication, celui où le gaz acide carbonique n'est pas refoulé par lui-même, l'acide carbonique est enlevé au moyen d'une pompe aspirante et foulante qui est mise en jeu par des moyens mécaniques différents; le gaz puisé dans le gazomètre sous la pression ordinaire, est refoulé fortement dans un tonneau épais, en des proportions qu varient avec la nature de l'eau que l'on veut obtenir.

Cette manière de dissoudre le gaz carbonique dans l'eau se rattache à deux procédés différents. Dans l'un, que l'on peut appeler *Procédé de fabrication interrompue ou de Genève,* le récipient dans lequel l'eau se charge d'acide carbonique est d'une assez vaste capacité, et, quand tout l'acide carbonique a été introduit, on soutire l'eau gazeuse pour recommencer ensuite une nouvelle opération. Dans le second procédé, que l'on peut appeler *Procédé de fabrication continue ou de Bramah,* suivant le nom de son inventeur, le récipient qui reçoit l'eau et le gaz est d'assez petite dimension; mais, du moment qu'une certaine quantité d'eau gazeuse y a été préparée, la fabrication continue à marcher sans interruption. A mesure que l'ouvrier retire une partie du produit fabriqué, la pompe refoule dans l'appareil une nouvelle quantité d'eau et de gaz pour remplacer l'eau gazeuse qui est sortie.

Nous allons étudier successivement 1° le système de Genève; 2° le système de Vernaut et Barruel, ou système avec le gaz comprimé par lui-même, qui se lie intimement au précédent; 3° le système de Bramah.

SYSTÈME DE GENÈVE.

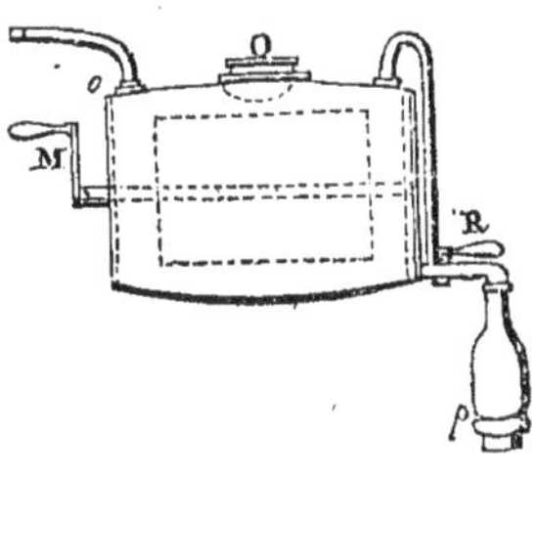

Dans l'appareil de Genève, le tonneau qui reçoit l'eau et le gaz est en cuivre très épais et parfaitement étamé. Sa capacité, qui peut varier, s'élève le plus ordinairement à 100 litres. Il est muni à sa partie supérieure d'une ouverture assez grande, qui se ferme à vis au moyen d'un couvercle que l'on n'ouvre que de temps en temps, quand on veut nettoyer à fond l'appareil. Le couvercle de cette ouverture est percé d'une autre ouverture d'environ six centimètres de large, qui se ferme par un bouchon qui y entre à vis, dont la tête est carrée, et qui peut être serré facilement à l'aide d'une clef. C'est par cette ouverture, pratiquée au couvercle, que l'on remplit ordinairement le tonneau. Ce tonneau porte en *o* une espèce de tubulure à laquelle vient s'adapter le tube qui amène le gaz carbonique refoulé par la pompe, et qui se ferme à volonté au moyen d'un robinet.

R est un robinet placé à la partie la plus basse du tonneau, et sur la construction duquel nous reviendrons plus tard. Enfin, M est un agitateur à manivelle qui sert à mettre l'eau en mouvement et à faciliter l'absorption du gaz.

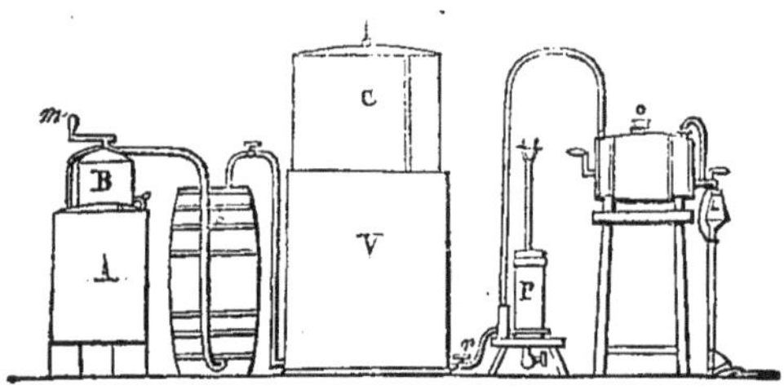

La planche ci-jointe donnera une idée suffisante de la disposition relative des pièces qui composent l'appareil de Genève. AB est le vase où se produit le gaz carbonique ; CV est le gazomètre ; entre eux est le tonneau de lavage ; P est la pompe aspirante et foulante ; à côté est le tonneau de fabrication.

On remplit complétement le tonneau avec de l'eau pure, et l'on ferme toutes les ouvertures, à l'exception du robinet du tube *o*; alors on commence à refouler de l'acide carbonique sans agiter, en laissant le robinet de décharge entr'ouvert ; on déplace ainsi cinq litres d'eau qui se trouvent remplacés à la surface du tonneau par du gaz carbonique. Cette manipulation a pour objet : 1° de laisser un vide qui permette de donner à l'eau un mouvement plus tumultueux lors de l'agitation brusque et instantanée exercée en des sens différents ; 2° de former à la surface de l'eau un réservoir plein de gaz sur lequel l'eau puisse constamment agir ; 3° d'enlever autant que possible l'air atmosphérique que l'eau n'absorberait que très imparfaitement, qui augmenterait sans utilité la pression superficielle, et qui rendrait le jeu des pompes plus difficile. Cette expulsion de l'air est une chose fort utile dans la pratique, et il faut toujours, quand on monte l'appareil à neuf, se débarrasser par un premier courant de gaz de tout l'air contenu dans les vases de lavage et de dégagement et dans les tubes de communication. J'indiquerai encore comme précaution générale, de placer l'appareil dans un lieu frais, favorable à l'absorption du gaz, et qui conserve, été comme hiver, une température moyenne.

A mesure que l'on introduit le gaz carbonique dans le tonneau, il s'accumule à la surface de l'eau, et il se dissout ensuite facilement à l'aide du mouvement imprimé par l'agitateur. C'est une bonne pratique d'entretenir l'agitation pendant tout le temps que dure l'introduction du gaz : le jeu des pompes en devient plus facile. On peut s'arranger de manière à ce que le même moteur mette en mouvement et le piston de la pompe et l'agitateur.

J'ai observé que la quantité de gaz reste toujours plus grande à la surface de l'eau que dans l'eau elle-même.

Quelque précaution que j'aie prise, je n'ai pu arriver à faire absorber à l'eau une quantité d'acide carbonique égale en volume à celle qui forme l'atmosphère supérieure du tonneau. Lorsque l'eau contient cinq fois son volume de gaz, que, par conséquent, un espace d'un litre en renferme cinq litres, le même espace, dans l'atmosphère gazéiforme, qui est à la surface de l'eau, s'est trouvé presque constamment en contenir six litres. La différence serait bien plus grande si l'on n'avait pas pris la précaution de débarrasser l'appareil de l'air atmosphérique : celui-ci s'accumulant dans le tonneau pourrait exercer quelquefois une pression de 7 à 8 atmosphères sur l'eau, qui ne serait elle-même chargée que de 3 à 4 volumes de gaz.

On reconnaît la quantité de gaz qui a été introduite dans le tonneau, soit en mesurant au moyen de la règle graduée du gazomètre le volume de gaz qui a été soutiré; soit en adaptant un manomètre sur le tonneau. Le premier moyen est plus commode et plus sûr; mais comme le manomètre est indispensable dans d'autres systèmes de fabrication, nous dirons de suite sur quel principe sa construction est basée et comment on doit interpréter ses indications, ne nous occupant d'ailleurs que du seul système de manomètre qui ait été appliqué aux appareils à eaux minérales.

Un physicien français, Mariotte, a découvert que lorsque l'on comprime un gaz, son volume change en raison inverse de la pression. Un tube fermé à l'une de ses extrémités, étant plongé dans l'eau par son extrémité ouverte, le liquide ne s'y élève pas parce que l'air contenu dans le tube a une force élastique pareille à celle de l'air extérieur et qu'il presse sur la surface du liquide dans le tube, autant que l'atmosphère pèse sur la surface de ce liquide en dehors; l'air intérieur fait équilibre à la pression de l'atmosphère; en d'autres termes, il est soumis à une pression d'une atmosphère. Si la pression extérieure venait à augmenter (effet qu'il serait facile de produire si l'eau, au lieu d'être en contact avec l'air extérieur, se trouvait en communication avec un vase dans lequel on comprimerait du gaz carbonique), alors l'eau monterait dans le tube jusqu'à ce que le gaz enfermé dans ce tube (diminuant de volume à mesure qu'il est comprimé, et augmentant de ressort à mesure que son volume est diminué) fasse équilibre à la pression extérieure; à ce moment si la pression extérieure avait doublé, triplé, quadruplé, la pression du gaz intérieur serait également doublée, triplée, quadruplée : or, suivant la loi de Mariotte, le volume d'un gaz diminuant en raison inverse de la pression, on peut juger de la pression par le volume que le gaz occupe, et comme la pression intérieure et la pression extérieure sont semblables, on jugera sûrement par ce changement de volume dans le tube du changement survenu dans la pression extérieure. Soit 100 le volume occupé par le gaz sous une pression d'une atmosphère, les volumes et les pressions seront dans le rapport suivant :

Pression de 1	atmosphère		volume		100
2	—	—	—	—	50
3	—	—	—	—	33
4	—	—	—	=	25
5	—	—	—	—	20
6	—	—	—	—	16,5
7	—	—	—	—	14,3
8	—	—	—	—	12,5
9	—	—	—	—	11
10	—	—	—	—	10
11	—	—	—	—	9
12	—	—	—	—	8,25

La forme que l'on donne le plus habituellement au manomètre est celle-ci :

L'extrémité ouverte de l'appareil est en communication avec le tonneau de fabrication; si la pression augmente, le mercure est refoulé dans la branche fermée ; on juge de la pression par la diminution du volume de gaz qui s'y trouve renfermé.

Le manomètre dont nous venons de donner la description, a l'inconvénient d'être cassant; il a en outre le désavantage de n'indiquer les différences, dans les hautes pressions, que par une différence trop petite dans la hauteur du niveau. M. Savaresse a évité cet inconvénient dans le manomètre qu'il a fait établir.

L'instrument n'a guère plus de 4 pouces de hauteur; sa forme est celle ci-contre. Quand on veut le mettre en action, on le plonge dans un petit vase qui contient de l'eau.

Soit la capacité totale de l'instrument, ou le volume de l'air y contenu sous la pression atmosphérique 100

Soit la capacité de la grosse boule 80

Soit la capacité de la petite boule 10

Soit la capacité de la branche étroite du tube 10

L'instrument ne commencera à donner d'indication exacte que lorsque le mercure montera à la naissance de la partie étroite du tube, ou lorsque le volume du gaz sera réduit à 20; la pression sera alors de 5 atmosphères. On conçoit très bien que les indications du manomètre n'étant nécessaires, pour les fabrications des eaux minérales, que pour des pressions au moins égales à 5 atmosphères, on a pu, en formant un réservoir pour le mercure, racourcir le tube manométrique et rendre l'appareil moins cassant. La pression vient-elle à augmenter, le mercure montera dans la partie supérieure de l'instrument; or, comme celui-ci est divisé en deux, de manière à ce que la moitié du gaz puisse être contenu dans la boule, il en

2

résulte que les écarts indiqués par la marche du mercure dans le tube, seront plus sensibles, comme on peut en juger en jetant un coup d'œil sur les deux tubes ci-contre.

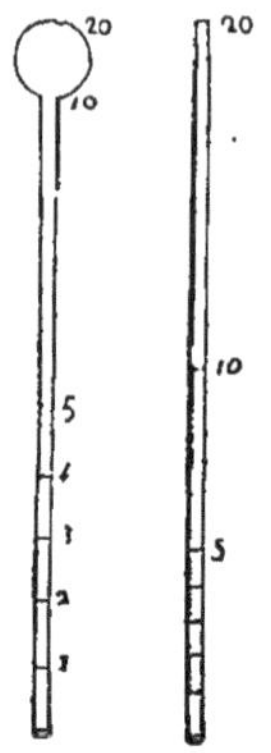

J'ajouterai que l'instrument étant plongé dans a petite cuvette à eau au moment où l'on va s'en servir, la température de l'air qui s'y trouve renfermé est la même que celle de l'air ambiant, ce qui est une garantie de plus de l'exactitude des indications.

Le premier robinet dont on s'est servi pour tirer l'eau gazeuse, était un robinet garni d'un liége ou d'un morceau de buffle conique, de dimension telle qu'il pût s'adapter sur toutes les bouteilles, malgré les différences de diamètre de leur orifice. Il se prolongeait en une longue tige qui pénétrait jusqu'au fond de la bouteille, et il était muni d'une petite soupape qui livrait passage à l'air de la bouteille et au gaz qui ne pouvait être retenu. Cette longue tige, plongeant dans l'eau gazeuse, était un grave défaut, parce que l'eau, aussitôt qu'elle sort du tonneau, laisse dégager de nombreuses bulles de gaz qui traversent le liquide déjà introduit dans la bouteille, et qui le tiennent dans un état d'agitation qui occasionne la perte d'une forte proportion de gaz carbonique. Le robinet gagne beaucoup dans son emploi à se trouver réduit de toute la tige qui plongeait dans la bouteille; mais le robinet décrit par Bramah, avec quelques modifications que je lui ai fait subir, est d'un emploi plus avantageux. C'est un robinet ordinaire ayant une douille peu allongée. Cette douille traverse une espèce de capsule renversée à fond plat, dont les bords descendent presque au même niveau que l'orifice du robinet. L'espace laissé entre la douille et les parois de la capsule, est rempli avec des rondelles de caoutchouc superposées; un anneau en cuivre qui se visse sur la capsule de cuivre, refoule les disques de caoutchouc, et s'oppose à ce qu'ils puissent tomber.

Au moyen d'une bascule que le pied fait mouvoir et qui met en mouvement un support sur lequel la bouteille est posée, l'opérateur presse la bouteille contre le caoutchouc, et cette pression suffit pour s'opposer à toute issue de gaz. Il ouvre le robinet; mais aussitôt qu'il s'aperçoit que la pression dans la bouteille s'oppose à l'écoulement de l'eau, il cède avec intelligence pour livrer passage aux gaz intérieurs. Il renouvelle cette manœuvre à plusieurs reprises, jusqu'à ce que la bouteille soit remplie. Alors il ferme le robinet, il tire la bouteille sur le côté, et il y pose rapidement le bouchon. C'est là une manœuvre difficile qui demande une main adroite, et surtout exercée. La qualité de l'eau dépend en grande partie de l'habileté de celui qui la met en bouteilles; s'il n'est pas leste à boucher, une partie de l'eau et du gaz est jetée au dehors, la bouteille est en partie vidée, et l'eau a perdu une bonne partie de son gaz. L'opérateur doit saisir le bouchon par son bout le plus gros, entre l'index et le médius de la main droite; il appuie le pouce sur le bord de la bouteille pour servir de régulateur, abaisse le bouchon sur l'orifice, et le fait entrer par un léger mouvement de rotation. Il l'enfonce d'abord avec la main, puis il achève de le faire entrer au moyen d'une tapette en bois. Il passe aussitôt la bouteille à un ouvrier qui se hâte d'assujettir le bouchon au moyen d'une ficelle.

Dans la méthode que je viens de décrire, l'eau s'écoule sous la forte pression qui existe dans l'intérieur du tonneau. Elle est lancée avec violence dans la bouteille; en outre, il faut ouvrir une issue aux gaz de la bouteille tandis qu'elle se remplit, deux circonstances qui ont pour effet de faire perdre à l'eau acidule une assez grande quantité du gaz qu'elle contient. J'ai trouvé le moyen de remédier à ces deux inconvénients, en faisant construire un robinet qui établit une communication entre l'intérieur de la bouteille qui s'emplit, et l'atmosphère intérieure du tonneau : dans ce système, à peine le robinet est-il ouvert que l'égalité de tension s'établit des deux côtés; l'eau gazeuse s'écoule alors lentement, sans éprouver d'autre agitation que celle qui résulte de sa propre chute, par un petit orifice, et sous la pression d'une seule atmosphère. Une longue pratique m'a confirmé tous les avantages que l'on retire de cette construction.

Le robinet qui amène à ce résultat est terminé comme celui de Bramah; mais il a deux conduits intérieurs, l'un qui est destiné à l'écoulement du liquide, l'autre qui établit la communication entre l'atmosphère de la bouteille et celle du tonneau.

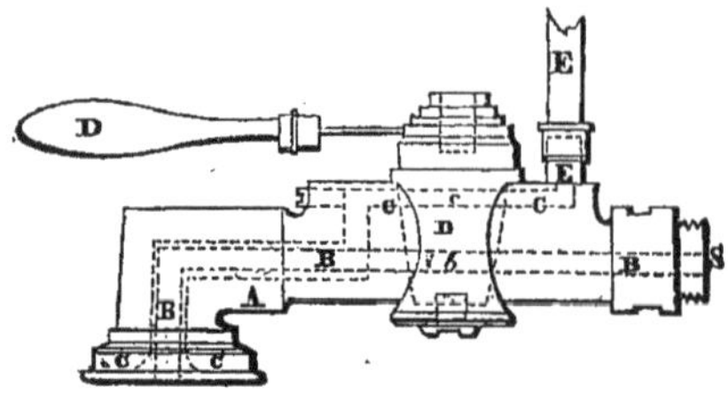

A est le corps du robinet qui s'adapte sur le tonneau par le pas de vis S.

BB est un conduit en argent qui traverse le robinet dans toute sa longueur, et qui est destiné à conduire l'eau.

CC est un second conduit en cuivre qui enveloppe B dans une partie de sa longueur, puis se coude et va s'ouvrir en E. Il est destiné à établir la communication entre la bouteille et l'atmosphère du tonneau.

D est la clef du robinet. Elle est percée de deux ouvertures, l'une doublée en argent *b* correspond au conduit B; l'autre *c* correspond au canal C. Il en résulte qu'en tournant la clef du robinet, on ouvre ou l'on ferme en même temps les deux canaux B et C.

E est un tube de plomb qui s'adapte sur le robinet par une de ses extrémités, et dont l'autre va s'ouvrir à la partie supérieure du tonneau.

Un anneau en cuivre vissé retient les rondelles de caoutchouc.

M. Boissenot a remarqué que l'eau est comme opaque et laiteuse dans la bouteille au moment même où elle vient de couler, en raison d'une infinité de petites bulles gazeuses qui se manifestent dans toute la masse. L'eau devient transparente par la disparition de ces bulles. Il faut laisser la bouteille appuyée contre le caoutchouc tant que cette transparence n'est pas établie ; mais du moment qu'on s'aperçoit que les bulles qui rendaient l'eau laiteuse ont disparu, on enlève lestement la bouteille et on la bouche. Il s'échappe beaucoup moins de gaz de la bouteille que si elle était retirée avant le moment précité.

Bien que le robinet à double courant rende beaucoup plus facile la mise en bouteilles, on ne peut éviter, cependant, une certaine déperdition de gaz pendant le temps assez court, nécessaire pour placer le bouchon. M. Selligue, le premier, je crois, a donné le moyen de boucher la bouteille sur place; mais il a tenu son procédé secret. Plusieurs dispositions, pour arriver à ce résultat, ont été adoptées depuis; elles évitent une grande déperdition de gaz, et elles mettent le premier venu à même de mettre en bouteilles, sans avoir besoin de faire aucun apprentissage. Cette modification réduit à une manipulation très facile, la partie jusqu'à présent la plus difficile de la fabrication des eaux minérales. Il faut concevoir que le conduit qui amène l'eau vient s'ouvrir dans un cône en cuivre ouvert à ses deux bouts. La partie inférieure de ce cône est munie circulairement, et en dehors, d'un ajustage en cuivre garni de caoutchouc, pareil à celui du robinet ordinaire. C'est contre ce caoutchouc que le bord de la bouteille vient presser. Par la partie supérieure du cône, on introduit un bouchon de liége, et au moyen d'une tige refoulée par un moyen mécanique, on l'enfonce dans le cône de manière à ce qu'il forme le plafond supérieur de cette partie du robinet. Quand la bouteille est pleine, sans la bouger de place on enfonce le bouchon pour le faire sortir en partie du cône et pénétrer dans le goulot.

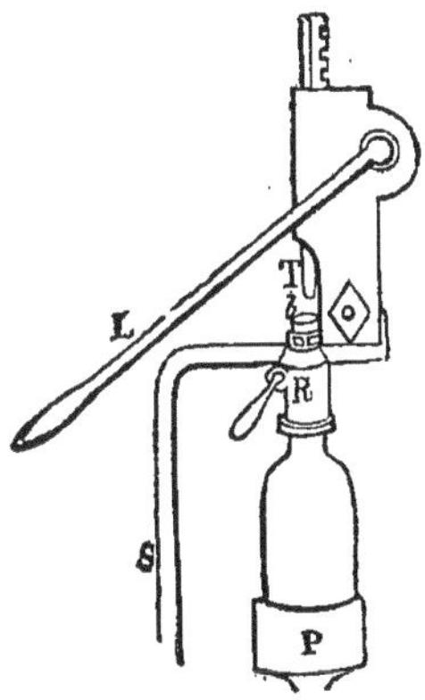

Le dessin ci-contre pourra donner une idée suffisante d'une de ces machines à boucher. Elle a été construite par M. Stévenaux; c'est celle dont je me sers à la Pharmacie centrale.

S est une pièce en fer solide qui soutient tout l'appareil. Le robinet ordinaire est remplacé par un robinet qui n'en diffère qu'en ce que la partie verticale de la douille a la forme d'un cône creux R. La bouteille est posée comme à l'ordinaire; l'on place à la partie supérieure du cône un bouchon *b* que l'on presse par le moyen de la tige T que fait mouvoir le levier L par l'intermédiaire d'une roue à engrenage. La paroi supérieure du robinet est alors formée par le bouchon. On remplit la bouteille à la manière ordinaire; et, quand elle est pleine, on presse sur le bouchon. Il s'amincit, traverse le cône et pénètre dans le col de la bouteille; on cède avec le pied quand le bouchon est entré d'une quantité suffisante; puis, faisant mouvoir une dernière fois le levier, on chasse tout à fait le bouchon du cône.

Avec de l'habitude et de la dextérité, on peut se passer de cette machine à boucher pour la préparation des eaux minérales. Elle est indispensable quand on veut gazer des liqueurs visqueuses, comme les vins et les limonades.

L'*embouteillage* des eaux gazeuses n'est pas sans danger : beaucoup de bouteilles ne résistent pas à la pression, et volent en éclats. L'opérateur doit avoir la main qui saisit la bouteille armée d'un gant de buffle épais, qui soit assez montant pour garantir également le bras. La bouteille, pendant qu'elle se remplit, reste entourée par un demi-cylindre en cuivre qui tourne librement sur le robinet : il est amené entre l'opérateur et la bouteille pendant que celle-ci se remplit. Un grillage en fil de laiton épais, permet de suivre des yeux et sans danger, l'ascension du liquide. Au moment de boucher, l'on détourne l'armure de cuivre en la faisant tourner sur elle-même ; on saisit la bouteille, on y adapte le bouchon, et l'on ficelle aussitôt.

Si l'on veut mastiquer la bouteille, on plonge le bouchon et la tête de la bouteille dans un vernis résineux. La qualité que l'on recherche dans ce mastic est qu'il soit adhérent, et que cependant il se détache complétement par le choc. La recette suivante donne un bon résultat.

Colophane, 1 livre $^1/_2$; craie pulvérisée, 1 livre $^1/_4$; essence de térébenthine, 4 onces ; rocou, $^1/_2$ once. On fait d'abord fondre la colophane, on ajoute l'essence, puis la craie et le rocou.

On a remplacé les ficelles et le mastic par une petite calotte de plomb que l'on serre hermétiquement contre le col de la bouteille au moyen d'un tour de corde.

La corde est fixée solidement en l'air par l'un de ses bouts ; à l'autre bout est attachée une planchette sur laquelle on peut appuyer avec le pied pour tendre la corde ; on fait faire à celle-ci un tour autour de la capsule posée sur la bouteille ; on appuie le pied pour tendre la corde ; alors, en tournant la bouteille dans les mains, les bords de la calotte de plomb s'affaissent et viennent s'appliquer exactement contre le verre.

On a déjà presque entièrement renoncé à l'usage de ces capsules, parce qu'elles augmentent le prix de revient et qu'il s'y forme quelquefois du carbonate de plomb.

En adaptant un manomètre au vase de compression, j'ai étudié les phénomènes qui se produisent pendant que l'eau gazeuse est mise en bouteilles.

A mesure que l'on soutire de l'eau gazeuse (avec le robinet à simple courant), le vide qui se fait graduellement dans le récipient a pour effet de diminuer de plus en plus la pression à la surface du liquide, de permettre à l'eau déjà faite de laisser dégager une partie du gaz dont elle est chargée. A mesure que le gaz libre se dilate pour remplir le nouvel espace vide qui s'est formé, l'eau abandonne une partie d'acide carbonique qui compense en partie ce premier effet. De ces deux effets contraires résulte un décroissement de la pression lent et régulier, qui se continue jusqu'à la fin de l'opération. Les résultats du calcul et ceux de l'expérience marchent assez d'accord dans le commencement de l'opération; mais, à mesure qu'elle avance, les écarts deviennent toujours plus considérables. Les mouvements du manomètre signalent parfaitement le phénomène mixte qui nous occupe. Chaque fois que l'on remplit une bouteille, le manomètre descend, puis on le voit sensiblement remonter pendant l'intervalle nécessaire pour boucher la bouteille et en présenter une nouvelle au robinet.

La pression superficielle s'accroît davantage quand l'opération est faite avec plus de lenteur; or, comme cet accroissement résulte de la déperdition d'acide carbonique qui est faite par l'eau, il faut en conclure que moins on emploie de temps pour mettre en bouteilles et plus les résultats sont avantageux. De là un des avantages du système qui permet de boucher les bouteilles sur place.

SYSTÈME DE VERNAUT ET BARRUEL.

Ou système avec le gaz comprimé par lui-même.

Le système dont nous allons nous occuper diffère du précédent par une modification importante qui consiste dans la suppression de la pompe de compression. La portion de l'appareil dans laquelle on produit le gaz est en communication avec le vase dans lequel l'eau gazeuse doit être faite. Une nouvelle quantité de gaz s'ajoute à celui qui a déjà été produit, et la pression intérieure se trouve ainsi augmentée; ici c'est le gaz qui se comprimant lui-même facilite sa dissolution dans l'eau. Un manomètre adapté à l'appareil indique à chaque instant la pression intérieure. Tout l'appareil ne différant de celui de Genève que par la manière dont la compression du gaz est exercée, nous n'aurons besoin de nous occuper ici que d'établir la différence entre les deux systèmes.

L'ensemble de l'appareil, tel qu'il a été exécuté par M. Barruel, se compose des pièces suivantes :

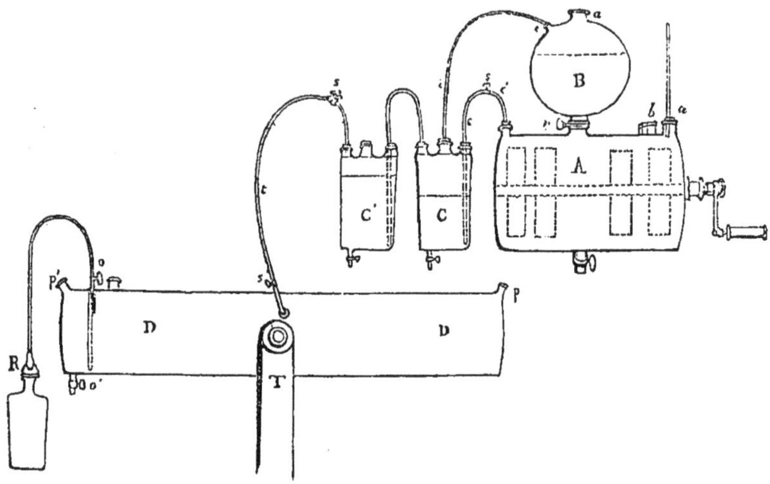

A est un vase en cuivre fort épais dans lequel le gaz doit être produit. Il est traversé par un agitateur ; il porte à sa partie inférieure une ouverture qui sert à le vider ; à sa partie supérieure se trouvent : 1° une tubulure *a* sur laquelle s'adapte un manomètre ; 2° une ouverture plus grande *b* par laquelle on introduit la craie délayée ; 3° un tube *c* qui va porter le gaz dans les laveurs ; 4° une ouverture sur laquelle s'adapte exactement un vase en cuivre épais B doublé en plomb et qui est destiné à recevoir l'acide sulfurique. Entre A et B est un robinet *r* en argent qui sert à introduire l'acide ; B porte en outre deux ouvertures ; l'une *a*, par laquelle on introduit l'acide sulfurique ; l'autre *e* qui porte un tube en plomb qui communique avec le premier vase laveur. Ce dernier est destiné à établir à la surface de l'acide une pression égale à celle du vase inférieur.

C C' compose le système de lavage du gaz ; la figure suffit pour en donner une idée exacte.

D est le vase où l'eau gazeuse doit se faire; c'est un long cylindre de cuivre étamé, d'une capacité de 120 litres environ. Il porte dans la direction de son axe transversal deux tourillons qui posent sur la partie supérieure d'une sorte de tréteau T, de manière qu'en saisissant le cylindre D par la poigné *p*, on peut aisément lui imprimer un mouvement de bascule qui agite fortement le mélange d'eau et de gaz contenu dans le cylindre : c'est un excellent moyen de faciliter la dissolution du gaz carbonique dans l'eau. D communique avec les laveurs par un tube en plomb *t*, dont les deux extrémités sont munies d'un tuyau de caoutchouc flexible, de manière à ce que le tube obéisse facilement au mouvement que lui communique l'agitation de D. D porte en *o* deux tubulures; l'une par laquelle on remplit d'eau ce cylindre, l'autre qui laisse sortir un tube à l'extrémité duquel se trouve placé le robinet R, de sorte que c'est la pression supérieure exercée par le gaz qui refoule le liquide et le fait passer dans le robinet. Enfin en *o'* est un robinet qui sert à volonté à vider le cylindre. Il y a en outre en *s s* deux robinets qui servent à établir ou à empêcher la communication du cylindre avec le vase producteur du gaz.

Voici maintenant la manière dont on conduit l'opération. La craie délayée dans l'eau est introduite en A et l'acide sulfurique concentré en B : la communication de *t* avec le laveur étant interrompue, on fait couler un peu d'acide et on laisse un peu de gaz se perdre pour remplir l'appareil d'acide carbonique en expulsant l'air. Alors on adapte *t* et on tient fermés les robinets *s s* du tube *t'*. On continue à faire couler de l'acide et à remuer l'agitateur jusqu'à ce que le manomètre indique six atmosphères de pression. Alors on ouvre les robinets *s s* et *o'* et on laisse couler environ 10 litres du liquide du cylindre D. Cela fait, on ferme l'ouverture *o'* et saisissant la poignée *p*, on imprime au cylindre un mouvement de bascule qui agite l'eau avec le gaz; on voit instantanément baisser le manomètre; mais on ouvre le robinet à l'acide sulfurique de manière à produire du gaz à mesure que l'eau en absorbe et à maintenir le manomètre à 6 atmosphères. On continue ainsi jusqu'à ce que, malgré l'agitation, le manomètre reste fixe. Alors on met l'eau en bouteilles, et pendant tout le temps que dure cette opération, on entretient la même pression à la surface du liquide, en faisant couler de temps en temps de l'acide sulfurique sur la craie. Le manomètre doit marquer six atmosphères pendant tout le temps que dure la mise en bouteilles. On conçoit que lorsque l'opération est terminée, l'appareil se trouve rempli par 5 à 600 litres d'acide carbonique qui sont perdus. On peut en profiter en partie en ayant un second cylindre D que l'on remplit d'eau et que l'on met en communication avec le premier. Cette perte de gaz est compensée du reste par la simplicité de l'appareil qui n'est formé que de pièces peu altérables et toujours faciles à réparer, circonstance d'une haute importance pour les personnes qui n'habitent pas les grandes villes.

Un désavantage de l'appareil précédent est la présence du robinet qui verse l'acide sur la craie et qui est bientôt mis hors de service; il a été remplacé par un obturateur en verre porté sur une tige, qui glisse dans une boîte en cuir et qui peut aisément être mis en mouvement, sans établir de communication avec l'extérieur. Un autre inconvénient plus grave est la forte pression exercée dans le vase qui contient l'acide sulfurique concentré. Si la rupture de ce vase venait à se faire, l'acide, lancé dans toutes les directions, pourrait produire les accidents les plus graves. On ne saurait prendre trop de précautions pour éviter ces accidents.

M. Savaresse a simplifié et modifié l'appareil précédent. A est le vase dans lequel le gaz est produit. On y met de l'eau acidulée; la craie est employée, enveloppée dans du papier, sous la forme d'une longue cartouche que l'on introduit dans le col A'. Elle est soutenue par une tige transversale et ne peut avoir le contact de l'acide qu'autant que l'agitateur mis en mouvement vient à briser l'extrémité de la cartouche et à faire tomber une partie de carbonate de chaux dans l'acide; le dégagement de gaz est ainsi conduit facilement et réglé à volonté. C est le manomètre, U le laveur plein d'une dissolution de bi-carbonate de soude, K K le tonneau qui contient l'eau et qui reçoit le gaz. Une soupape placée à l'extrémité du tube T livre passage au gaz et met obstacle à la sortie de l'eau. E est le robinet qui ouvre et ferme la communication entre la première et la seconde parties de l'appareil. En I est une portion étroite du tube, qui ralentit le mouvement du gaz; en J est une boîte tournante qui suit le mouvement imprimé au tonneau K sans permettre la sortie du gaz. R est un robinet pour mettre en bouteilles. Le tube S établit la communication entre l'intérieur de la bouteille et l'intérieur du tonneau;

on peut le remplacer par un robinet simple ou adapter à volonté une machine à boucher. Veut-on mettre cet appareil en mouvement, on remplit avec de l'eau le tonneau K; on introduit l'eau acide dans le vase A et la cartouche de craie dans le col A'. On fait dégager un peu de gaz pour chasser l'air de l'appareil, puis

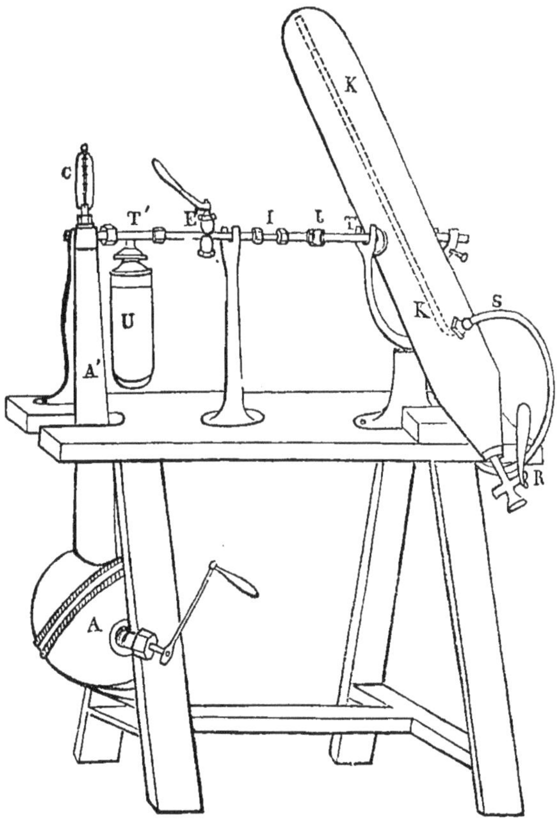

l'on pose le manomètre et la pièce qui ferme le vase à dégagement; alors on adapte et l'on serre la virole placée en J et le gaz commence à entrer dans le tonneau K, où il vient occuper la partie supérieure : en même temps, on ouvre le robinet pour laisser couler un peu de liquide et faire un vide suffisant. On continue à faire dégager du gaz et de temps en temps on donne au cylindre

K un mouvement de bascule qui facilite singulièrement la dissolution du gaz; lorsque, malgré quelques chutes répétées du liquide, le manomètre ne baisse plus et marque six atmosphères, on met en bouteilles en tenant le tonneau incliné dans la position où la figure le représente. M. Saveresse a construit sur ce système de petits appareils, dont le prix est peu élevé et qui seront fort appréciés par les pharmaciens des petites villes qui ont nécessairement une fabrication restreinte.

SYSTÈME DE BRAMAH.

Dans le système de fabrication des eaux gazeuses inventé par Bramah, une pompe aspire l'eau et le gaz et les refoule en même temps dans un réservoir commun. Ce réservoir est d'une petite capacité; mais à mesure qu'il se désemplit par le tirage de l'eau gazeuse, la pompe fournit sans cesse une nouvelle quantité d'eau et de gaz, de manière à ce que le travail puisse durer aussi longtemps qu'on le veut sans être interrompu.

La machine de Bramah a été décrite avec beaucoup de détails dans le bulletin de la Société d'encouragement: elle est employée dans la plupart des fabriques d'Angleterre et dans un petit nombre de fabriques françaises. Mais cette même machine, avec le mécanisme plus simple qu'y a appliqué M. Viel Cazal, mécanicien de Paris, fonctionne dans presque tous les ateliers de la France. Je donne ici le dessin de cette machine pris sur l'appareil qui a été établi pour la Pharmacie centrale par M. Stévenaux.

La machine de Bramah a comme pièces accessoires un appareil pour la production du gaz carbonique et un gazomètre ordinaire qui sert de réservoir. Celui-ci n'a pas besoin d'être gradué, car ici le gaz se mesure par la pression intérieure de l'appareil, et non plus par le volume qui a été puisé : par la même raison, il peut être d'une assez faible capacité, il suffit qu'il puisse être alimenté aussi vite par la production de gaz, qu'il est épuisé par sa soustraction.

A est le vase ou tonneau dans lequel l'eau gazeuse doit se faire; sa capacité est de 15 à 16 litres.

Dans l'intérieur est un agitateur de la forme ci-contre, destiné à faciliter le mélange de l'eau et du gaz. Il est mis en mouvement par la manivelle armée d'un volant M, qui fait en même temps marcher la pompe aspirante et foulante. S est une soupape

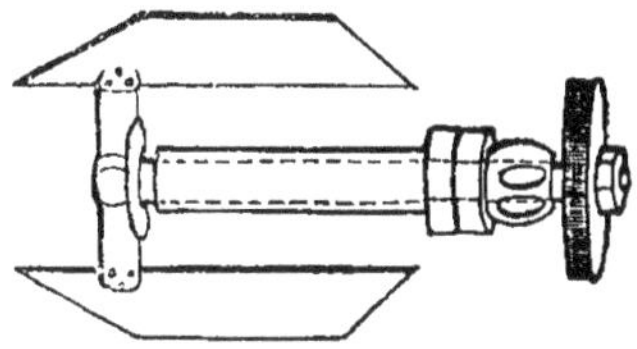

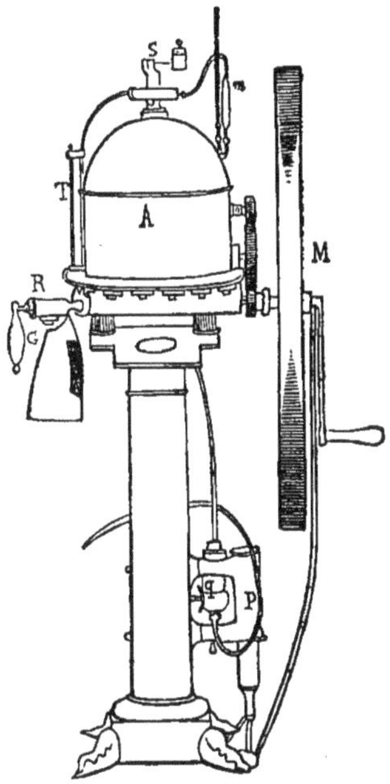

de sûreté; M est un manomètre destiné à faire connaître la pression intérieure; T est un tube en verre placé en dehors du tonneau et communiquant avec sa partie supérieure et sa partie inférieure. L'eau y pénètre, et l'on peut y voir à chaque instant quelle est la hauteur du liquide dans le tonneau; R est un robinet, garni de rondelles en caoutchouc. Le col de la bouteille vient s'y appliquer; une pédale à bascule sert à l'y appuyer; une armure en cuivre G garantit l'opérateur des éclats de verre comme dans la machine de Genève.

La pompe P sert à puiser en même temps l'eau et le gaz, et à les refouler tous deux dans le tonneau récipient. On voit comment le piston est mis en mouvement par la manivelle.

Q est une partie importante de l'appareil; c'est là que se fait et que se règle l'arrivée de l'eau et du gaz. Cette pièce mérite d'être examinée avec détail. Elle présente dans son intérieur un canal qui communique avec la pompe P, ainsi qu'on peut le voir facilement dans la figure en coupe.

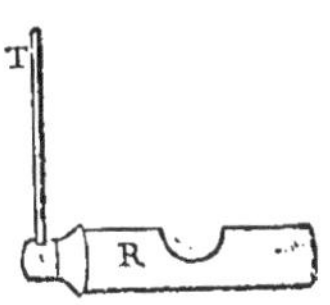

G est le tube qui va chercher le gaz sous le gazomètre; E est un tube qui amène l'eau. Tous deux viennent aboutir dans le canal G E, au milieu duquel se trouve une clef du robinet R.

Cette clef est échancrée comme le montre la figure; quand l'échancrure est en dessus, l'eau et le gaz trouvent tous deux le passage libre et peuvent pénétrer dans l'intérieur de la pièce générale Q. En tournant ce robinet à droite ou à gauche on peut à volonté fermer l'arrivage à l'eau ou au gaz, ou bien encore agrandir ou diminuer le passage livré à chacun d'eux, et par suite faire arriver à volonté plus d'eau ou plus de gaz. Une petite tige T sert à faire tourner le robinet. Une portion de cercle indicateur C permet d'obtenir toujours avec précision le résultat désiré.

La bille B inférieure porte sur un diaphragme garni de cuir et percé d'un trou. Elle se soulève pour livrer passage à l'eau et au gaz; elle retombe et ferme l'ouverture du diaphragme pour s'opposer à leur retour; au-dessus de la bille est une petite pièce en cuivre échancrée C qui ne bouche pas le canal; elle est garnie en cuir à sa partie inférieure. C'est contre elle que la bille vient frapper et s'arrêter quand elle est soulevée par l'eau et le gaz.

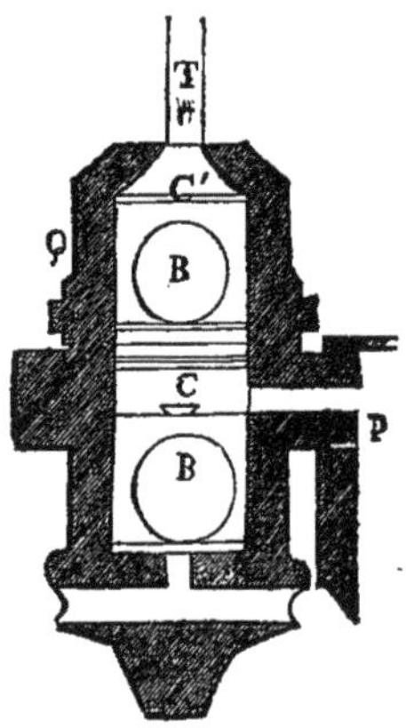

La bille supérieure B' établit ou ferme la communication de la pompe avec le tonneau récipient; elle pose également sur un diaphragme en cuir, et se trouve arrêtée dans sa marche ascendante par la petite pièce C'.

T est le tube par lequel l'eau et le gaz pénètrent dans le tonneau.

Maintenant il va être facile de suivre le mouvement de l'eau et du gaz. Vient-on à descendre le piston, on fait le vide dans le corps de pompe P, et l'on rend prédominante sur la pression intérieure, celle qui s'exerce dans le tonneau récipient, et celle qui est exercée par le gaz dans le gazomètre et par l'air atmosphérique sur l'eau ou la dissolution saline.

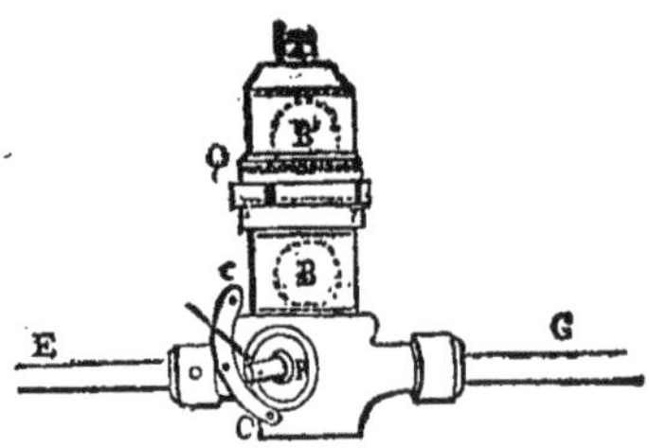

L'effet de la pression plus grande dans le récipient, est de presser sur la bille B' qui ferme alors toute communication entre le récipient et la pompe. L'effet de la pression extérieure est de faire monter l'eau dans le tube E et le gaz dans le tube G; ils soulèvent la bille B et viennent remplir le corps de pompe.

Maintenant quand on remonte le piston, la pression intérieure augmente de plus en plus ; elle presse sur la bille B qui ferme l'entrée à l'eau et à l'acide carbonique ; elle soulève au contraire la bille B' ; l'eau et le gaz pénètrent ensemble dans le récipient. Ainsi l'abaissement du piston a pour effet d'introduire l'eau et le gaz dans la pompe, et l'ascension du piston a pour effet de les refouler dans le tonneau.

Veut-on faire marcher l'appareil, on met l'extrémité du tube E en communication avec un réservoir qui contient de l'eau, et le tube G en communication avec le gazomètre. L'on ouvre le robinet R d'une quantité convenable, que l'expérience fait bientôt connaître ; en même temps on ouvre de temps en temps la soupape du récipient, jusqu'à ce qu'il soit entièrement rempli : c'est afin de chasser l'air atmosphérique qui y est contenu. On retire alors une partie de l'eau, et, pendant tout le temps que dure l'opération, on tient le récipient rempli au tiers de sa capacité, ce qu'il est facile de reconnaître par la hauteur du liquide dans le tube latéral T; on règle le mouvement de la pompe de manière à ce qu'elle fournisse constamment une quantité d'eau égale à celle qui est tirée par le robinet. Par ce moyen la continuité du travail s'établit, et la machine, une fois en mouvement, ne s'arrête que lorsqu'on veut suspendre la fabrication.

Toutes les précautions nécessaires pour ne pas perdre de gaz pendant la mise en bouteilles, et pour se mettre à l'abri des accidents, sont les mêmes que celles que nous avons indiquées pour l'appareil de Genève. Seulement ici l'usage du robinet à double courant ne peut trouver son application.

La quantité dont chacun des robinets qui amènent l'eau et le gaz doit rester ouvert est bientôt connue par l'habitude. On a pour guide encore la qualité de l'eau qui est tirée et l'indication du manomètre ; on travaille ordinairement sous une pression intérieure de 7 atmosphères. Si la pression intérieure devient trop forte, la soupape de sûreté se soulève et donne passage au gaz excédant. On peut la faire communiquer avec le gazomètre, de manière à ne pas perdre le gaz qui sort alors de l'appareil.

L'appareil de Bramah a sur l'appareil de Genève des avantages marqués. On peut à volonté y fabriquer une grande ou une petite quantité d'eau minérale; on peut sans inconvénients suspendre à volonté la fabrication sans craindre de changer la nature des produits; la fabrication s'y fait aussi d'une manière plus expéditive; circonstance qui explique la préférence qui lui est accordée dans toutes les fabriques montées sur une échelle un peu forte. Un autre avantage incontestable est celui de donner des eaux également chargées à toutes les époques de l'opération. On peut lui reprocher avec raison d'être moins propre à la fabrication des eaux très chargées de carbonates calcaire ou magnésien, qui exigent un séjour prolongé de l'eau chargée d'acide carbonique avec des sels insolubles ; force est alors de ne faire à la fois que la quantité d'eau qui peut être contenue dans la capacité du récipient. Les petites fabrications trouveraient à faire à cet appareil un reproche plus grave; les appareils, au meilleur marché que l'on ait pu les établir, coûtent encore le double des appareils à gaz comprimé par lui-même, suivant le système de Genève modifié.

BOUTEILLES SIPHOIDES.

On sait assez que lorsque l'on vient à déboucher une bouteille d'eau gazeuse, au moment où le bouchon vient d'être ôté, il se fait une vive effervescence qui souvent entraîne une partie du liquide; en outre, le buveur est partagé entre le double inconvénient de perdre une partie du gaz contenu dans l'eau de son verre, s'il s'occupe à reboucher aussitôt la bouteille, ou de laisser affaiblir l'eau qui reste dans la bouteille s'il commence par boire la liqueur qu'il s'est versée. Chacun a appris encore par sa propre expérience, que, pour peu que l'on tarde à boire la totalité d'une bouteille d'eau gazeuse, les dernières parties que l'on se verse sont à peine chargées de gaz. C'est ce double inconvénient que M. Savaresse a voulu éviter par l'emploi des bouteilles siphoïdes. Voyons d'abord quelle est la construction de ces bouteilles.

A est un cruchon en grès verni, dont la capacité est un peu plus grande que celle d'une bouteille à eau de Seltz ordinaire; il porte en O une tubulure que l'on ouvre ou que l'on ferme à volonté au moyen d'un bouchon en cuivre, à vis. La tubulure principale de la bouteille, porte un ajustage en étain fin, solidement fixé dans le col du cruchon.

Voici quelle est la disposition intérieure de cet ajustage. Il porte à une certaine hauteur un rétrécissement sur lequel vient poser un petit cylindre en étain C, terminé par un disque en liége très fin, attaché avec de la cire à cacheter : quand le liége est appuyé exactement sur le rétrécissement, il intercepte toute communication entre l'intérieur de la bouteille et l'extérieur. Ce petit cylindre est comprimé par un ressort D qui pose au-dessus, qui est retenu lui-même par un couvercle à vis. On peut en posant le doigt sur le levier L soulever le ressort et rendre au cylindre C la possibilité d'être soulevé. Au-dessus du rétrécissement est un bec en étain B par lequel on vide le cruchon. Un tube T va plonger presque jusqu'au fond du cruchon.

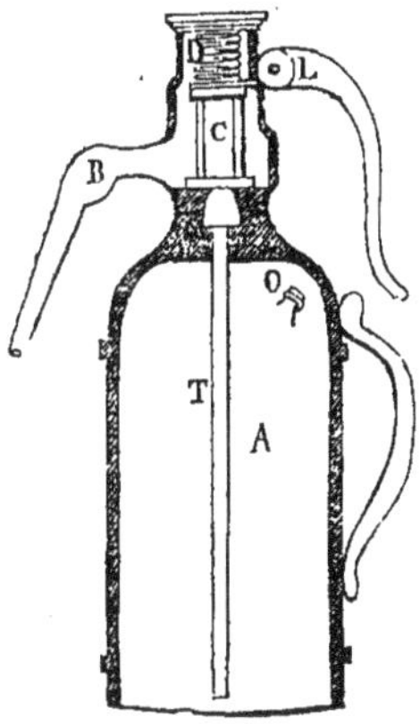

Supposons la bouteille pleine d'eau gazeuse, un espace vide de liquide se trouve à la partie supérieure, qui contient du gaz acide carbonique, comprimé à plusieurs atmosphères, comme nous le verrons tout à l'heure. En cet état, rien ne peut sortir de la bouteille, car le ressort qui pose sur le cylindre d'étain applique exactement le liége sur le rétrécissement de l'ajustage : la pression du gaz ne peut vaincre la résistance du ressort; mais que l'on vienne à peser du doigt sur le levier L, le gaz qui presse sur la surface de l'eau la fait monter dans le tube T comme dans un siphon ; à son tour, elle soulève le petit cylindre qui fait les fonctions de soupape, s'élève au-dessus de l'étranglement, et est déversée par le conduit latéral; mais du moment qu'on cesse de peser sur le levier, tout passage est interrompu; rien ne peut plus sortir de la bouteille.

La manière de remplir la bouteille siphoïde est extrêmement curieuse : l'ajustage étant appliqué sur le cruchon, on ouvre la tubulure latérale et l'on remplit d'eau; alors, appliquant l'extrémité du bec en étain sur une petite pompe foulante, garnie d'un manomètre, et soulevant le ressort avec le doigt, on refoule un peu d'eau pour achever de remplir la bouteille, et quand l'eau sort par la tubulure latérale, on bouche exactement celle-ci. La bouteille est alors exactement remplie d'eau; quelques coups de piston de la presse foulante augmentent la pression: le manomètre la fait connaître; si le cruchon peut supporter 20 atmosphères, il est d'un bon emploi.

Le cruchon ayant été ainsi rempli d'eau et essayé, on remplace l'eau contenue dans la bouteille par de l'acide carbonique. A cet effet, on tient le cruchon renversé et on le présente par l'extrémité du bec en étain sur le robinet d'un récipient qui contient de l'acide carbonique comprimé; puis pressant sur le levier et tenant entr'ouverte la tubulure latérale O, l'eau est refoulée et sort du cruchon; quand le gaz sort avec sifflement, on bouche l'ouverture O et l'on cesse de presser sur le levier L.

La bouteille est alors pleine de gaz carbonique et prête à recevoir l'eau gazeuse que l'on voudra y introduire. Pour la remplir, l'opération est des plus simples : on remplace le robinet ordinaire de Bramah par un tube auquel s'adapte une pièce coudée, percée d'un canal dans son intérieur. Cette pièce est en bois de buis, et le canal central est assez large pour que l'extrémité du bec en étain puisse y être introduite. Alors on presse sur le levier, et en un instant très court l'eau gazeuse a été refoulée dans le cruchon, et l'a rempli presque entièrement. Au moment où l'on tourne le robinet, l'eau gazeuse pressée plus fortement dans le tonneau de Bramah par l'atmosphère de gaz qui la recouvre, est refoulée et pénètre dans le cruchon par l'ajustage et le tube de verre. L'acide carbonique que le cruchon contenait est refoulé jusqu'à ce que son volume soit assez diminué et sa force élastique soit assez augmentée pour qu'il fasse équilibre à la pression exercée à la surface de l'eau dans le tonneau de Bramah. On voit de suite pourquoi le cruchon ne se remplit pas complétement d'eau, et pourquoi sa capacité doit être plus grande que celle d'une bouteille ordinaire à eau de Seltz. M. Savaresse remplit ses cruchons sous une pression de 11 atmosphères,

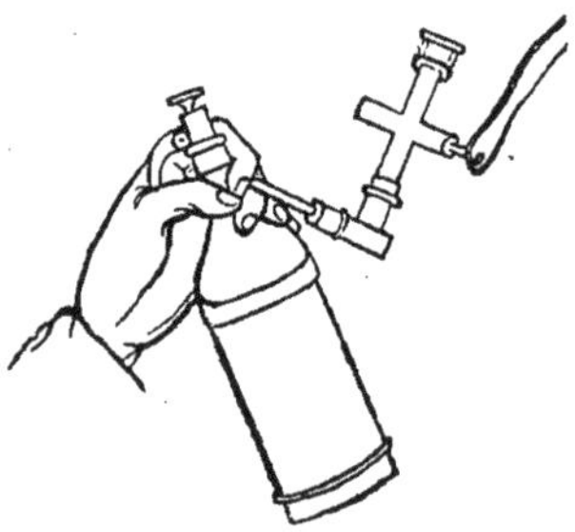

Au moment où le liquide cesse de s'introduire dans la bouteille, celle-ci ne contient pas tout à fait la quantité d'eau nécessaire; l'opérateur lâche un instant le levier, il secoue la bouteille, absorbe ainsi une partie de l'acide carbonique gazeux; par là il diminue la pression intérieure, et représentant la bouteille une fois encore au robinet, il reçoit une petite quantité d'eau qui achève de remplir suffisamment le cruchon. L'emplissage des cruchons par ce moyen va beaucoup plus vite que celui des bouteilles par les moyens ordinaires; on n'a non plus ni bouchon à mettre ni ficelle à attacher.

On pourrait croire que l'essai que l'on est obligé de faire des cruchons et le remplissage d'acide carbonique qui précède l'opération, doit rendre l'opération fort longue; mais il faut remarquer que c'est là une opération que l'on ne renouvelle que de loin en loin; quand la bouteille a été vidée, elle reste pleine d'acide carbonique qui ne peut s'échapper; elle est par conséquent toute disposée à recevoir une nouvelle charge d'eau. Rien d'étranger ne peut s'introduire dans les bouteilles; c'est de loin en loin seulement que l'on a besoin de rinçage.

DE L'INTRODUCTION DES SELS DANS LES EAUX MINÉRALES.

La première difficulté qui se présente, quand on veut préparer une eau artificielle chargée de matière saline, est celle de savoir en quel état les sels existent réellement dans l'eau naturelle que l'on veut reproduire. Ainsi que nous avons déjà eu l'occasion de le dire, l'analyse fait bien connaître la nature et la quantité des bases et des acides qui se trouvent réunis; mais nous en sommes réduits à des hypothèses plus ou moins probables sur la manière dont tous ces éléments sont combinés entre eux. Ne pouvant résoudre cette difficulté, on l'a négligée, et l'on est convenu, en quelque sorte, que lorsqu'on a réuni dans une eau minérale les éléments que l'analyse y fait trouver, on est arrivé à une imitation suffisamment fidèle. Remarquons que lorsqu'il existe, dans une eau minérale, une base et un acide en quantité prédominante, il ne peut rester aucun doute sur l'existence de la combinaison qu'ils ont formée entre eux.

Si les sels qui entrent dans une eau minérale sont tous solubles, la fabrication consiste dans une simple dissolution : par exemple, l'eau de Barége, de Cauterets, l'eau de la mer. Si l'eau minérale est en même temps acidule, on prépare la dissolution des sels, on en remplit le tonneau et l'on charge de gaz acide, si l'on opère par la méthode de Genève : on la fait soutirer par la pompe en même temps que le gaz, quand on se sert de l'appareil de Bramah. Si la proportion des sels est peu considérable, on peut encore les dissoudre dans une petite quantité d'eau, les introduire à l'avance dans les bouteilles, et achever de remplir celles-ci d'eau gazeuse simple. Nous citerons l'eau de Seltz comme pouvant être indifféremment préparée par l'une ou l'autre méthode.

Quand une eau minérale n'a fourni à l'analyse que des sels insolubles, ces sels ne peuvent être que des carbonates, qui existaient dans l'eau à l'état de bi-carbonates; on imite alors l'eau naturelle en faisant dissoudre ces mêmes carbonates dans un excès d'acide carbonique. Il n'existe pas d'eau minérale qui ne contienne que ce genre de sels; mais comme la manière de reproduire les bi-carbonates reste souvent la même, quand ces carbonates sont mêlés à d'autres sels, nous allons la décrire une fois pour toutes.

Les carbonates de chaux, de magnésie et de fer, se trouvent communément dans les eaux; ils se dissolvent avec facilité dans un excès d'acide carbonique. Pour peu que la proportion en soit considérable, il faut assurer leur dissolution en les employant à cet état d'extrême division qui résulte de la précipitation chimique. On précipite à froid une dissolution très étendue de sulfate de magnésie purifié ou de chlorure de calcium pur, par du carbonate de soude; on lave le précipité à plusieurs reprises pour le débarrasser des sels étrangers, et on le fait égoutter sur une toile. Pour apprécier la quantité réelle de carbonate que contient l'espèce de bouillie épaisse que l'on s'est procurée, il faut en prendre une certaine quantité, la sécher et la calciner fortement : 1 partie de produit magnésien représente 2,05 de carbonate de magnésie, et 2,24 de magnésie blanche (hydrocarbonate de magnésie); 1 partie de précipité calcaire qui a été chauffé fortement au rouge, représente 1,777 de carbonate de chaux.

On peut opérer de même pour le carbonate de manganèse, parce qu'il peut être lavé au contact de l'air sans éprouver d'altération. Quant au carbonate de fer, comme il absorbe rapidement l'oxigène de l'air, et qu'après cette oxidation il ne peut plus se dissoudre dans l'acide carbonique, on le prépare au moment du besoin, en introduisant successivement dans les bouteilles une dissolution de sulfate de fer, et une dissolution de carbonate de soude; on se hâte de remplir avec de l'eau gazeuse. La quantité toujours très minime de sulfate de soude que cette manœuvre introduit dans les eaux, ne peut rien changer aux effets médicinaux. Pour avoir 1 partie de carbonate de fer, il faut employer 2,4 parties de sulfate de fer cristallisé et 2,5 parties de carbonate de soude également cristallisé.

Il est presque impossible d'éviter qu'une partie du carbonate de fer ne s'oxigène et ne refuse alors de se dissoudre; aussi je préfère mettre dans les bouteilles la dissolution du sel de fer soluble, et y introduire l'eau gazeuse chargée du carbonate de soude qui doit le décomposer.

Une fois les carbonates obtenus, on les délaie dans l'eau : s'ils sont en petite proportion, on les introduit dans les bouteilles que l'on remplit ensuite d'eau gazeuse; mais quand ils doivent entrer dans l'eau minérale à une forte dose, on les délaie dans le tonneau même, l'on charge d'acide carbonique, et l'on agite de temps en temps. Comme on peut prolonger plus longtemps le contact de l'eau acidule et des carbonates, leur dissolution complète est plus assurée. Ici l'appareil de Genève a une supériorité marquée; il permet de fabriquer une plus grande quantité à la fois.

Lorsqu'une eau minérale a donné en même temps à l'analyse des sels solubles et des sels insolubles, si l'on peut, par un échange des bases et des acides, tout convertir en sels solubles, on ne manque pas de le faire pour rendre la préparation plus facile. Par exemple, l'eau de Saint-Nectaire contient du carbonate de chaux, du carbonate de magnésie et du carbonate de fer, tous trois insolubles; mais elle contient en même temps du sel marin et du sulfate de soude : on en profite pour faire un échange entre les sels insolubles et les sels de soude; le carbonate de chaux et une partie de sel marin disparaissent pour donner place à du carbonate de soude et à du chlorhydrate de chaux; le carbonate de magnésie et une quantité proportionnelle de sel marin donnent du chlorhydrate de magnésie et du carbonate de soude; enfin, de l'échange entre le carbonate de fer et le sulfate de soude, il résulte du sulfate de fer et du carbonate de soude, qui sont tous deux solubles dans l'eau.

L'eau de Vichy (source de la Grande-Grille), contient par litre, suivant l'analyse de M. Lonchamps :

Carbonate de soude anhydre	4,9814	grammes.
— chaux	0,3498	
— magnésie	0,0849	
Chlorure de sodium	0,5700	
Sulfate de soude anhydre	0,4725	
Carbonate de fer	0,0042	

Les carbonates de chaux et de magnésie étant des sels insolubles on les remplace par d'autres sels solubles de la manière suivante :

1° 1 équivalent carbonate de magnésie pèse 53,48
1 équivalent sulfate de soude sec pése 89,20

Les bases et les acides venant à se remplacer mutuellement, il résulterait de cette double décomposition :

1 équivalent carbonate de soude sec qui pèse 66,73
1 équivalent sulfate de magnésie qui pèse 75,95

or, les deux derniers sels sont solubles, et produisent lors de leur mélange du carbonate de magnésie et du sulfate de soude, de sorte qu'employer 1 équivalent de carbonate de soude et 1 équivalent de sulfate de magnésie, c'est la même chose que prendre 1 équivalent de carbonate de magnésie et 1 équivalent de sulfate de soude; seulement dans le premier cas, on a l'avantage d'opérer sur deux sels solubles.

Faisant l'application de ceci à l'eau de Vichy, il s'agira de remplacer le carbonate de magnésie et une partie du sulfate de soude par du sulfate de magnésie et du carbonate de soude dans les quantités qui sont données par les poids des équivalents de ces sels, savoir :

0,0849 de carbonate de magnésie, et 0,1416 de sulfate de soude par 0,120 de sulfate de magnésie, et 0,1059 de carbonate de soude.

2° L'eau de Vichy contient du carbonate de chaux et du chlorure de sodium. On remplace le premier par une quantité proportionnelle de chlorure de calcium; et le second par du carbonate de soude; les deux nouveaux sels reproduisent par leur double décomposition du carbonate de chaux et du chlorure de sodium.

0,3498 de carbonate de chaux et la quantité proportionnelle de sel marin, savoir 0,400, seront remplacés par 0,380 chlorure de calcium, et 0,363 de carbonate de soude.

3° Le carbonate de fer et une quantité correspondante de sulfate de soude seront échangés pour du sulfate de fer et du carbonate de soude, qui, par leur décomposition réciproque, reproduiront les deux sels primitifs.

0,004 de carbonate de fer, et 0,0049 de sulfate de soude feront place à 0,005 sulfate de fer, et 0,0037 de carbonate de soude.

Voici maintenant comment va se résumer la formule de l'eau de Vichy artificielle.

CARBONATE DE SOUDE

existant dans l'eau,	4,9814
destiné à produire le carbonate de chaux,	0,3630
— — — de magnésie,	0,1059
— — — de fer,	0,0037

Total du carbonate de soude sec 5,454, qui équivalent à 14,645 de carbonate de soude cristallisé.

CHLORURE DE SODIUM

existant dans l'eau,		0,57
qui se formera par la réaction qui donne le carbonate de chaux,	0,40	} = 0,57
nécessaire pour compléter	0,17	

SULFATE DE SOUDE

existant dans l'eau,		0,4725
qui se formera par la réaction qui donne le carbonate de magnésie,	0,1416	} 0,1465
qui se formera par la réaction qui donne le carbonate de fer,	0,0049	

Retranchant la quantité de sulfate de soude qui se formera lors des doubles décompositions de la totalité de celui qui existe dans l'eau, savoir 0,1465 de 0,4725, il reste à introduire dans la formule :

sulfate de soude sec,	0,326
ou	
sulfate de soude cristallisé,	0,737

CHLORURE DE CALCIUM.

La quantité employée pour reproduire le carbonate de chaux est 0,380 qui correspond à 0,808 de chlorure de calcium cristallisé.

SULFATE DE MAGNÉSIE.

La quantité employée pour reproduire le carbonate de magnésie est 0,120 qui correspond à 0,244 de sulfate de magnésie cristallisé.

SULFATE DE FER.

La quantité employée pour reproduire le carbonate de fer est 0,005 qui équivalent à 0,009 de sulfate de fer cristallisé.

CARBONATE DE CHAUX, DE MAGNÉSIE ET DE FER.

Ils disparaissent de la formule.

La formule d'eau de Vichy (source de la Grande-Grille), se trouve ainsi être la suivante, pour 1 litre d'eau :

Pr. : Carbonate de soude cristallisé	14,645 grammes.
Sulfate de soude cristallisé	0,737
— magnésie	0,244
— fer cristallisé	0,009
Chlorure de sodium	0,170
— calcium cristallisé	0,808

Une formule d'eau artificielle ayant été établie sur ces principes, voici la manipulation qu'il faut suivre. Avec l'appareil de Genève, on fait des dissolutions séparées de tous les sels qui pourraient se décomposer mutuellement ; on introduit toutes ces dissolutions dans le tonneau, et l'on charge d'acide carbonique. Les carbonates insolubles qui se reforment au moment du mélange des dissolutions, sont redissous par le gaz carbonique. Avec l'appareil de Bramah, on fait absorber, par la pompe, la liqueur trouble qui résulte du mélange des liqueurs salines. Dans l'un et l'autre système, on peut encore mettre dans les bouteilles la dissolution d'une partie des sels, tandis que les autres sont introduits dans le tonneau, suivant la méthode ordinaire. Le mélange des substances salines ne se fait alors que dans un liquide sursaturé d'acide carbonique, et il n'apparaît aucun précipité. Avec l'un et l'autre appareil, on peut encore faire des dissolutions concentrées et séparées de chaque genre de sels, les mélanger ensemble, et partager le mélange trouble dans les bouteilles que l'on remplit alors d'eau gazeuse simple. Toutes ces manipulations sont également bonnes, et je ne vois d'autre raison de donner la préférence à la dernière, que le désir de conserver, plus longtemps sans altération, l'appareil qui est attaqué plus vite par des dissolutions salines que par de l'eau pure. Cependant l'introduction des matières, dans le tonneau même, mérite la préférence, quand les carbonates terreux sont employés en forte proportion.

Il arrive que la composition des eaux ne permet pas de convertir tous les sels en sels solubles : si la proportion de principes qui manque est faible, on peut l'ajouter sans inconvénient. C'est ainsi que dans l'eau de Forges, il manque du sulfate ou du muriate de soude pour changer le carbonate de fer en un sel soluble ; on introduit cependant le fer à l'état de sulfate, et l'on ajoute la quantité de carbonate de soude nécessaire pour le décomposer ; il en résulte que l'eau renferme un peu de sulfate de soude qu'elle ne devrait pas contenir, mais en quantité si faible, que l'on peut facilement n'y pas faire attention.

Enfin, lorsque dans une eau minérale, la proportion des sels insolubles est considérable, il faut les préparer par double décomposition. On les délaie dans la dissolution des sels solubles ou dans un peu d'eau, et l'on opère ainsi que nous l'avons dit précédemment. On peut consulter, comme exemple, la préparation de l'eau de Contrexeville.

INTRODUCTION DE LA SILICE ET DES MATIÈRES ORGANIQUES DANS LES EAUX MINÉRALES.

On ne peut penser à introduire les matières organiques dans les eaux minérales, parce que nous ne savons pas les produire artificiellement.

Quant à la silice, il est assez difficile de la faire entrer dans les eaux ; heureusement qu'il y a peu d'intérêt à le faire. Quand les eaux contiennent du carbonate de soude, on peut faire bouillir la silice gélatineuse dans la dissolution du carbonate : elle s'y dissout en proportion plus que suffisante ; mais cette dissolution de silice ne peut être introduite dans les eaux acidulées gazeuses, car la silice en est précipitée par l'acide carbonique ; de sorte que ce procédé n'est pas applicable aux eaux minérales les plus employées. En faisant bouillir de la silice gélatineuse avec de l'eau, j'ai trouvé les résultats suivants :

1 gramme carbonate de soude sec + 1 litre d'eau.
= Silice dissoute 0,62 gr.
1 gramme carbonate de soude sec + 4 onces d'eau.
= Silice dissoute 0,218 gr.

FORMULES POUR LA PRÉPARATION DES EAUX MINÉRALES ARTIFICIELLES LES PLUS EMPLOYÉES.

Nous diviserons en trois chapitres l'étude de la préparation des eaux minérales, en nous basant sur leur composition et sur les différences que cette composition entraîne dans le mode opératoire. Nous aurons à traiter successivement : 1° des eaux salines simples qui consistent en de simples dissolutions de substances salines, et des eaux acidules gazeuses qui contiennent le plus souvent des sels et toujours de l'acide carbonique libre; 2° des eaux ferrugineuses, dans lesquelles le fer entre comme élément dans une proportion assez considérable; 3° des eaux sulfureuses, qui renferment des proportions plus ou moins grandes d'acide sulfhydrique ou de sulfures alcalins.

Dans les formules qui suivent, les proportions de matières salines ont été données en grammes et en fractions de grammes pour un litre d'eau, parce que cette manière de représenter les eaux minérales est plus commode pour le calcul lors de leur préparation. Mais j'ai donné en regard et alors en nombre rond et en même temps en fractions de livre et en grammes la quantité de matières contenues dans une bouteille ordinaire d'eau minérale qui contient 20 onces d'eau. Cette dernière disposition des formules est plus utile au médecin qui prescrit les eaux minérales par bouteilles.

EAUX ACIDULES ET EAUX SALINES.

§ I. EAUX SALINES NON ACIDULES QUI S'OBTIENNENT PAR SIMPLE DISSOLUTION DES SELS.

EAU DE LA MER.

J'ai pris pour base de la composition de l'eau de mer artificielle l'analyse qui a été faite par M. Alexandre Marcet, en déterminant séparément les quantités de bases et d'acides, et les combinant de manière à produire les sels les plus solubles : cette analyse ne représente pas avec une grande exactitude la composition de l'eau de la mer ; mais elle donne un liquide qui a beaucoup d'analogie avec elle, et dont les propriétés médicales doivent s'en rapprocher beaucoup, quand on l'emploie pour bains, comme on est dans l'habitude de le faire. Cette eau de mer artificielle ne contient pas l'hydrochlorate d'ammoniaque, et les sels de potasse qui accompagnent la soude dans l'eau de la mer ; on n'y retrouve pas les carbonates de chaux et de magnésie qui existent dans l'eau naturelle à l'état de bicarbonates, et qui s'en précipitent par l'ébullition.

Les iodures et bromures probablement magnésiens de l'eau naturelle y manquent aussi ; enfin elle est dépourvue de la matière animale. On arrive à une imitation un peu plus fidèle, en remplaçant le sel marin purifié par le sel gris du commerce.

Pr. : Sel marin gris desséché.........	26,6 gram.	6 gros.	48 grains.
Sulfate de soude cristallisé.......	11,715	3	»
Chlorure de calcium cristallisé....	2,424	»	45
— magnésium cristallisé..	9,854	2	34
Eau........................	1 litre.	1 litre.	

Et pour un bain à 300 litres :

Sel marin....................	8 kil.		16 livres.	»
Sulfate de soude cristallisé.......	3	500 gr.	7	
Chlorure de calcium cristallisé....	»	700	1	7 onces.
— magnésium cristallisé..	2	950	5	14

On prépare à l'avance une poudre pour les bains de mer artificiels. Elle est ainsi composée pour former 100 litres de liquide.

Pr. : Sulfate de soude effleuri..........	460 gram.	15 onces.
Chlorure de calcium sec..........	125	4
— de magnésium desséché...	500	16 onces.

Pour se procurer le chlorure de magnésium desséché, on le met dans une capsule, et l'on fait évaporer une partie de son eau de cristallisation, sans aller assez loin cependant pour dissiper de l'acide hydrochlorique. On y ajoute les autres sels pulvérisés, et l'on renferme dans un flacon bien bouché. On peut, plus commodément, prendre tous les sels cristallisés, et les mettre ensemble dans un flacon. On porte ce mélange dans l'eau du bain, et l'on y ajoute 2 kilogrammes 660 grammes (5 livres 5 onces) de sel gris.

EAU DE PLOMBIÈRES.

L'eau de Plombières est l'une de ces eaux minérales qui ne peuvent être employées avec avantage qu'à la source même. L'eau naturelle transportée ne tarde pas à se décomposer, parce que la matière organique réagit sur le sulfate qu'elle change en sulfure. D'un autre côté, on ne peut espérer d'imiter artificiellement la combinaison de matière organique et de soude, qui a l'odeur de la glu du gui, et qui se rencontre dans l'eau naturelle. L'eau naturelle contient aussi de la silice et de l'alumine qu'on ne peut introduire dans l'eau artificielle.

Dans l'imitation de l'eau de Plombières, il faut remplacer le carbonate de chaux et une quantité proportionnelle de sel marin par du chlorure de calcium et du carbonate de soude. J'ai pris pour base de la formule suivante l'analyse faite par M. O. Henry de la source du Crucifix, dont l'eau est la seule qui soit prise en boisson par les malades, à Plombières même.

Pr. : Bi-carbonate de soude.........	0,221	3 grains.	0,15 gram.
Chlorure de calcium cristalisé....	0,027	1/3	0,018
— magnésium cristallisé.	0,011	1/6	0,008
— sodium............	0,006	1/12	0,004
Sulfate de soude cristallisé.......	0,005	1/16	0,003
— fer cristallisé.........	0,012	1/6	0,008
Eau pure......................	1 litre.	1 bout.	625,

On fait une première dissolution du bicarbonate de soude, du sulfate de soude, du sulfate de fer, du sel marin. On ajoute en dernier les chlorures de calcium et de magnésium. La liqueur se trouble à peine. L'eau de Plombières artificielle ne s'emploie guère que pour bains.

EAU DE BALARUC.

J'ai pris pour base l'analyse de Figuier, en ajoutant un peu de bromure qui a depuis été trouvé par Balard. Le carbonate de chaux et celui de magnésie, avec une quantité proportionnelle de sel marin, sont remplacés par du chlorure de calcium et de magnésium, et du carbonate de soude. Le sulfate de chaux et une nouvelle quantité de sel marin, sont remplacés par du chlorure de calcium et du sulfate de soude. L'eau naturelle a une onctuosité due à une matière organique qui n'est nullement reproduite dans l'eau artificielle.

On fabrique de l'eau de Balaruc pour boisson, qui est peu employée, et de l'eau pour bain, qui l'est davantage : elles ne diffèrent l'une de l'autre que par l'acide carbonique dont on charge la première.

Eau de Balaruc pour boisson.

Pr. : Chlorure de sodium.......	5,054 gram.	60 grains.	3,4
— calcium cristallisé.	5,439	62	3,4
— magnésium cristallisé.	2,842	33	1,8
Sulfate de soude cristallisé..	1,644	20	1,1
Bi-carbonate de soude cristallisé................	2,115	24	1,3
Bromure de potassium.....	0,006	1/12	0,004
Eau gazeuse à 3 vol.......	1 litre.	20 onces.	625

On dissout à part les chlorures de calcium et de magnésium ; on partage cette dissolution saline dans les bouteilles, et l'on remplit avec la dissolution des sels de soude et du bromure que l'on a chargée de trois volumes d'acide carbonique.

Quand on emploie l'eau de Balaruc pour bains, on ne la charge pas d'acide carbonique. Le mélange des sels ne précipite pas immédiatement. Le précipité commence à se faire un peu après le mélange, et il augmente d'instants en instants.

§ II. EAUX ACIDULES, QUI NE CONTIENNENT QUE DES SELS SOLUBLES.

La manipulation pour les eaux qui appartiennent à cette série est des plus simples. On fait une dissolution des sels et on la charge d'acide carbonique, ou quand les sels sont en petite proportion, on les introduit dans les bouteilles, sous forme de dissolution concentrée et l'on achève de remplir avec de l'eau gazeuse simple.

EAU GAZEUSE SIMPLE.

Cette eau est d'un usage fréquent. On l'obtient en chargeant de l'eau pure de cinq fois son volume d'acide carbonique. On l'emploie quand on ne recherche que l'action stimulante propre au gaz carbonique.

C'est cette eau gazeuse simple qu'on livre journellement pour la table sous le nom d'eau de Seltz.

EAU ALCALINE GAZEUSE.

Pr. : Bi-carbonate de potasse....	7 gram.	80 grains.	4,4 gram.
Eau gazeuse à 5 vol.......	1 litre.	20 onces.	625,

Chaque once de liquide contient 4 grains de bi-carbonate alcalin. Cette eau est employée surtout pour dissoudre les graviers d'acide urique dans les reins ou la vessie.

LIMONADE GAZEUSE.

La limonade gazeuse est une boisson fort agréable et très désaltérante. On emploie pour chaque bouteille de 20 onces (625 grammes), 3 onces (96 grammes) de sirop de limon; on aromatise avec un élæo-saccharum fait en frottant du sucre sur l'écorce du citron. On peut mettre le sirop dans les bouteilles et remplir avec de l'eau gazeuse ou charger de gaz le mélange d'eau et de sirop. Le robinet à boucher sur place est à peu près indispensable pour la préparation de la limonade gazeuse, à cause de la viscosité que le sucre donne à la liqueur.

Les fabricants ont le soin de préparer la limonade gazeuse, au fur et à mesure des besoins, car elle se conserve mal.

Quand les limonades gazeuses doivent être conservées longtemps, lorsque, par exemple, elles deviennent l'objet d'expéditions lointaines, elles ont besoin d'être mutées pour se conserver; on y parvient en introduisant dans chaque bouteille, avant de les remplir d'eau, une dissolution contenant 1 grain de sulfite de soude. Elles peuvent alors être gardées indéfiniment, et au bout de quelque temps surtout, la saveur propre au sulfite a complétement disparu.

On prépare de même des limonades avec les sirops de groseilles, framboises, vinaigre, grenades, etc.

EAU DE SEDLITZ.

L'eau de Sedlitz artificielle dont on fait usage est une imitation grossière de l'eau naturelle; elle lui est cependant préférable, parce que la forte quantité de gaz carbonique dont elle est chargée la rend moins désagréable pour les malades, et permet à l'estomac de la conserver plus facilement sans vomir. Suivant la dose de sulfate de magnésie, on distingue l'eau de Sedlitz en eau à 2 gros (8 grammes), à 4 gros (16 grammes), à 6 gros (24 grammes), à 1 once (32 grammes).

Le Codex donne la formule suivante :

Sulfate de magnésie cristallisé	13 gram.	2 gros.	8 gram.
Eau pure	1 litre.	20 onces.	625
Acide carbonique	3 litres.	3 vol.	3 vol.

L'usage a consacré l'emploi de cette formule, et comme l'eau de Sedlitz est toujours employée comme purgative, une représentation plus exacte de l'eau naturelle serait sans objet.

POUDRE DE SEDLITZ DES ANGLAIS.

Pr. : Acide tartrique, huit gros.................. 32 grammes.
Bi-carbonate de soude, huit gros............ 32
Tartrate de potasse et de soude, vingt-quatre gros. 96

On pulvérise l'acide et on le divise en 12 paquets dans du papier blanc.

On pulvérise les deux sels, on les mélange et on les partage en 12 parties égales, que l'on renferme dans du papier bleu.

Pour l'emploi, on fait dissoudre 1 paquet d'acide dans un verre d'eau; on ajoute le sel, on agite et on boit promptement pendant que l'effervescence a lieu.

SODA WATER.

Pr. : Bi-carbonate de soude.	1,9 gram.	20 grains.	1,2 gram.
Eau gazeuse à cinq vol.	1 litre.	20 onces.	625,

Cette eau est employée comme moyen de faciliter les digestions.

SODA POWDERS.

(Poudre gazifère simple.)

Pr. : Acide tartrique pulvérisé, quatre gros........ 16 grammes.
Bi-carbonate de soude, six gros............. 24

On divise l'acide tartrique en 12 parties égales que l'on enveloppe dans du papier blanc.

D'autre part, on partage le bi-carbonate de soude en 12 parties, que l'on enveloppe dans du papier bleu.

On dissout un paquet de la poudre acide dans un grand verre que l'on a rempli d'eau seulement au tiers. On ajoute un paquet de poudre alcaline, l'on agite et l'on boit de suite.

Cette liqueur est acidule au goût, bien que le bi-carbonate soit en excès par rapport à l'acide tartrique ; c'est que le sel alcalin n'est pas complétement dissous au moment où l'on avale cette boisson, et qu'en outre, celle-ci est imprégnée de gaz acide carbonique.

§ III. EAUX ACIDULES SALINES QUE L'ON PRÉPARE AVEC DES SELS INSOLUBLES.

EAU MAGNÉSIENNE GAZEUSE.

Pr. :	Magnésie blanche...........	6 gram.	1 gros.	4 gram.
	Eau pure.................	1 litre.	20 onces.	625
	Acide carbonique...........	6	6 vol.	6 vol.

Il faut employer la magnésie encore humide, vu qu'elle se dissout moins bien après qu'elle a été séchée ; à cet effet, on précipite du sulfate de magnésie à l'ébullition par un excès de carbonate de soude, on recueille le précipité, on le lave avec soin et on le fait égoutter sur une toile ; on prend un certain poids de ce précipité, on le sèche, on le calcine et on le pèse de nouveau. Le produit est de la magnésie pure, dont une partie en poids représente deux parties de magnésie blanche supposée à l'état sec. On délaie le précipité magnésien dans l'eau, l'on charge d'acide carbonique, et, après 24 heures de contact, on met en bouteilles. L'appareil de Genève est plus convenable pour cette préparation que celui de Bramah, parce qu'il faut laisser séjourner le carbonate de magnésie avec l'eau chargée d'acide carbonique pour assurer sa dissolution, et que l'appareil de Genève permet d'opérer à la fois sur de plus grandes quantités.

Il faut 16 grammes de sulfate de magnésie cristallisé pour produire 6 grammes de magnésie blanche. Au lieu de faire sécher et de peser le précipité magnésien pour en établir la proportion, on peut plus simplement décomposer cette quantité de sulfate à l'ébullition par le carbonate de potasse ou le carbonate de soude, soutenir l'ébullition jusqu'à ce qu'il ne se dégage plus de gaz carbonique, laver le précipité et le dissoudre par l'acide carbonique ainsi qu'il a été dit.

EAU MAGNÉSIENNE SATURÉE.

Pr. : Magnésie blanche.........	12 gram.	2 gros.	8 gram.
Eau pure.................	1 litre.	20 onces.	625
Acide carbonique..........	6	6 vol.	6 vol.

On opère comme pour l'eau magnésienne gazeuse. Il reste peu d'acide carbonique en excès : on pourrait se servir de la magnésie blanche du commerce ; mais il arrive alors que quelques portions de matière ne se dissolvent pas. Si au lieu de peser la magnésie blanche, on calcule sa quantité d'après celle du sulfate, on trouve qu'il faut employer pour chaque litre 32 grammes de sulfate de magnésie cristallisé.

On fait de l'eau magnésienne plus chargée que la précédente ; on introduit dans chaque bouteille 4 gros, et jusqu'à 6 gros de carbonate de magnésie. Il faut augmenter à proportion la dose d'acide carbonique.

§ IV. EAUX ACIDULES SALINES DANS LESQUELLES LES SELS INSOLUBLES SONT PRÉPARÉS PAR LA DOUBLE DÉCOMPOSITION DE SELS SOLUBLES.

EAU DE BADEN.

(**Duché de Bade.**)

J'ai pris pour point de départ l'analyse que Kastner a faite de cette eau. L'eau naturelle a une odeur et une saveur de bouillon, due à des matières organiques, qu'il est impossible de reproduire. Le sulfate de chaux trouvé par l'analyse a été remplacé par une quantité correspondante de chlorure de calcium, et l'on a diminué d'une quantité proportionnelle la quantité de sel marin. On a introduit en même temps dans la formule du sulfate de soude, qui, réagissant sur du chlorure de calcium, forme le sulfate de chaux trouvé dans l'eau naturelle et le chlorure de sodium qui a été mis en moins dans la formule.

Le carbonate de fer et une partie du sel marin trouvés par l'analyse sont reproduits par la double décomposition du chlorure de fer par le carbonate de soude.

Pr. : Sel marin.................	2,700 gram.	30 grains.	1,6 gram.
Chlorure de magnésium cristallisé....................	0,164	2	0,1
Chlorure de calcium cristallisé.	3,553	40	2,2
— ferreux sec.......	0,019	1/4	0,012
Sulfate de soude cristallisé....	0,886	11	0,6
Carbonate de soude cristallisé.	0,043	1/2	0,025
Eau gazeuse à cinq vol.......	1 litre.	1 bouteille.	625

On fait une dissolution des sels de soude, et une autre dissolution concentrée avec les chlorures terreux et le chlorure de fer. On charge la première liqueur d'eau gazeuse, et l'on en remplit les bouteilles où l'on a mis à l'avance la dissolution des chlorures.

EAU DE BOURBONNE.

L'eau de Bourbonne artificielle a pour base l'analyse qui a été faite par MM Chevallier et Bastien. Cette eau ne contient pas d'acide carbonique ; mais on est dans l'usage d'en introduire une certaine quantité dans l'eau artificielle. Le carbonate de chaux insoluble, et une quantité proportionnelle de sel marin, sont remplacés par du chlorure de calcium et du carbonate de soude. D'un échange de bases et d'acides, entre le sulfate de chaux et une nouvelle quantité de sel marin, il résulte encore du chlorure de calcium et du sulfate de soude. Il y a dans l'eau naturelle de Bourbonne une matière bitumineuse et glaireuse qu'il est impossible de reproduire dans l'eau artificielle.

Pr. : Bromure de potassium.....	0,05 gram.	2/3 grains.	0,033 gram.
Chlorure de sodium.......	5,00	56	3,1
Chlorure de calcium cristallisé.................	3,40	46	2,2
Sulfate de soude cristallisé.	1,84	20	1,1
Bi-carbonate de soude cristallisé...............	0,48	6	0,3
Eau....................	1 litre.	1 bout.	625,
Acide carbonique........	3 vol.	3 vol.	3 vol.

On fait une première dissolution de tous les sels, en réservant le chlorure de calcium ; on dissout ce dernier sel à part, et on le partage dans les bouteilles que l'on remplit avec la première dissolution saline que l'on a chargée de gaz acide carbonique.

EAU DE CARLSBAD.

C'est l'analyse de M. Berzélius qui a servi de base. Le carbonate de chaux et une quantité correspondante de sel marin ont été changés en chlorure de calcium et en carbonate de soude : le carbonate de fer et la quantité correspondante de sulfate de soude ont été changés en sulfate de fer et en carbonate de soude. L'eau naturelle de Carlsbad a une odeur de bouillon qu'il est impossible de reproduire.

Pr. : Sulfate de soude cristallisé...	4,656 gram.	54 grains.	3,00 gram.
Carbonate de soude cristallisé.	5,375	61	3,35
Chlorure de calcium cristallisé.	0,700	8	0,4
Sel marin.................	0,674	8	0,4
Sulfate de fer cristallisé......	0,009	1/9	0,006
Eau gazeuse à cinq vol......	1 litre.	1 bouteille.	625

On dissout dans l'eau le sulfate de soude, le carbonate de soude et le sel marin, et l'on charge de gaz carbonique ; d'autre part, on dissout le chlorure de calcium, et d'un autre côté, le sulfate de fer dans une petite quantité d'eau. On mêle les deux liqueurs, que l'on partage promptement dans les bouteilles, et l'on remplit avec l'eau saline gazeuse.

EAU DE SAINT-NECTAIRE.

La base de la formule est l'analyse de M. Berthier. Le carbonate de chaux et celui de magnésie, avec la quantité de sel marin correspondante, sont remplacés par les chlorures de calcium et de magnésium, et par le carbonate de soude. Le carbonate de fer et une partie du sulfate de soude sont remplacés par du sulfate de fer et du carbonate de soude; mais j'ai diminué de beaucoup la proportion de fer indiquée par l'analyse; elle donnerait une eau plus ferrugineuse que ne l'est en effet la source de Saint-Nectaire.

Pr. : Carbonate de soude cristallisé.................	7,361 gram.	84 grains.	4,6 gram.
Sel marin..............	1,640	20	1,1
Sulfate de soude cristallisé..	0,326	4	0,2
Chlorure de calcium cristallisé.................	0,950	10	0,55
Chlorure de magnésium cristallisé................	0,440	6	0,3
Sulfate de fer cristallisé....	0,020	1/4	0,012
Eau gazeuse à 5 vol......	1 litre.	1 bouteille.	625

On fait une dissolution des sels de soude ; on la charge d'acide carbonique ; d'autre part, on dissout les chlorures terreux et le sel de fer dans une petite quantité d'eau ; on partage cette liqueur dans des bouteilles que l'on achève de remplir avec l'eau saline gazeuse. On peut aussi introduire tous les sels dans le tonneau et charger de gaz carbonique.

EAU DE PULLNA.

M. Barruel a analysé l'eau de Pullna ; il y a trouvé des carbonates de chaux, de magnésie et de fer, et du sulfate de chaux. Ce dernier sel, ainsi que les carbonates calcaire et magnésien et une quantité proportionnelle de sel marin, sont remplacés dans la formule par du chlorure de calcium, du chlorure de magnésium, du sulfate et du carbonate de soude. Le carbonate de fer est reproduit par du sulfate de fer et du carbonate de soude ; on retranche de la formule la proportion correspondante de sulfate de soude.

Pr. : Sulfate de soude cristallisé..	24,092 gram.	3 gros.	54 grains.	15 gram.
— magnésie cristallisé.........	33,556	5	18	21
— fer cristallisé....	0,002	»	1/40	0,0012
Chlorure de calcium cristallisé..................	1,523	»	18	1
Chlorure de magnésium cristallisé.................	4,690	»	54	3
Chlorure de sodium.......	1,576	»	18	1
Eau gazeuse à 5 vol.......	1 litre.	20 onces.		625

Chaque bouteille de 20 onces contient un peu plus d'une once des sulfates de soude et de magnésie.

EAU DE SELTZ.

Si l'on veut avoir une eau de Seltz artificielle, qui ressemble à l'eau de Seltz naturelle, il faut consulter les analyses qui ont été faites de celle-ci ; or, ces analyses ne s'accordent pas entre elles : les quantités de sels trouvées dans un litre d'eau varient, suivant les observateurs, de 3 à 5 grammes. Ces différences proviennent bien certainement des variations que l'eau de Seltz naturelle éprouve elle-même dans la proportion de ses sels; M. Caventou a trouvé 3,66 gr. par litre, dans de l'eau prise au dépôt, à Paris; dans ces derniers temps je n'ai trouvé que 3,0 gr. Comme les proportions indiquées par Bergmann et par Bischoff sont plus fortes, j'ai pris pour la proportion des matières dissoutes une moyenne entre les analyses, et j'ai adopté pour la nature des sels l'analyse du docteur Bischoff qui est la plus récente, et certainement la plus exacte que nous possédions, en diminuant toutefois, je le répète, la proportion des matières salines. J'ai dû surtout diminuer la proportion du fer, car elle fournirait une eau plus ferrugineuse que l'eau de Seltz naturelle. J'en ai porté la dose à 0,01 de carbonate de fer par litre. La formule suivante a donné un produit qui ne m'a pas paru différer sensiblement de l'eau naturelle que j'ai prise au dépôt de Paris. Dans cette formule le carbonate de chaux et le carbonate de magnésie ont été changés en chlorures solubles; on a augmenté proportionnellement la dose du carbonate de soude, et diminué celle du sel marin.

Pr. : Chlorure de calcium cristallisé.	0,477 gram.	5 grains.	0,27 gram.
— magnésium cristall.	0,402	5	0,25
Carbonate de soude cristallisé	1,296	15	0,8
Sel marin	1,630	20	1,0
Sulfate de fer cristallisé	0,022	» 1/4	0,013
— soude cristallisé	0,070	» 4/5	0,04
Phosphate de soude cristallisé.	0,113	1 1/3	0,07
Eau gazeuse à cinq vol.	1 litre	20 onces.	625

On fait dissoudre les sels de soude dans une petite quantité d'eau; d'autre part, on fait dissoudre également dans une petite quantité d'eau les chlorures de calcium et de magnésium; on mélange les deux liqueurs et l'on y ajoute le sulfate de fer que l'on a également dissous. Le mélange qui résulte de tous ces sels est partagé dans des bouteilles que l'on achève de remplir avec de l'eau gazeuse simple.

On peut tout aussi bien ne mettre dans les bouteilles que le sulfate de fer et les chlorures terreux, après les avoir dissous; d'autre part, dissoudre dans l'eau le sel marin et les autres sels de soude, charger d'acide carbonique et remplir les bouteilles avec cette eau saline et gazeuse.

Le Codex a supprimé le fer qu'on n'est pas dans l'usage de faire entrer dans l'eau de Seltz artificielle.

Des fabricants suppriment même tout à fait les sels; et une partie de la prétendue eau de Seltz du commerce n'est que de l'eau ordinaire, chargée d'acide carbonique.

POUDRE DE SELTZ.

Pr. : Acide tartrique pulvérisé, cinq gros et demi... 22 grammes.
Bi-carbonate de soude pulvérisé, six gros...... 24

On divise l'acide tartrique en 12 paquets égaux que l'on fait avec du papier blanc. On divise également le bi-carbonate de soude en 12 paquets que l'on fait avec du papier bleu.

On dissout l'acide tartrique dans un grand verre, au tiers plein d'eau ; on ajoute le bi-carbonate de soude ; l'on agite, et l'on boit pendant que l'effervescence se fait.

On fait une liqueur qui se rapproche de l'eau de Seltz en introduisant dans une bouteille de 20 onces, pleine d'eau, 2 gros (8 grammes) de bi-carbonate de soude, et 2 gros $^1/_2$ (10 grammes) d'acide citrique cristallisé, et bouchant de suite. La liqueur contient du citrate de soude, qui a peu de saveur.

Cette prétendue eau de Seltz n'a d'autre ressemblance avec l'eau de Seltz, que d'être mousseuse. Quoiqu'un peu laxative, elle peut convenir aux gens bien portants qui ne demandent à l'eau gazeuse que de les désaltérer; les estomacs malades se trouveraient fort mal de son emploi.

EAU DE VICHY.

En prenant pour base de la formule d'eau artificielle, l'analyse faite par M. Longchamps, de la source de la Grande-Grille, qui est celle que les buveurs boivent le plus habituellement à Vichy, on arrive à la formule suivante :

Le carbonate de chaux et une quantité proportionnelle du sel marin de l'eau naturelle, y sont remplacés par le chlorure de calcium et le carbonate de soude qui reforment les deux premiers sels par leur double décomposition ; le carbonate de magnésie et le sulfate de soude sont remplacés par du sulfate de magnésie et du carbonate de soude; le carbonate de fer et le sulfate de soude sont introduits à l'état de sulfate de fer et de carbonate de soude. Il faut convenir, toutefois, que cette eau diffère sensiblement de l'eau de Vichy naturelle; on n'y retrouve ni la matière organique azotée, ni le bitume qui existent dans l'eau naturelle, et concourent évidemment à ses effets.

Pr. : Carbonate de soude cristallisé	14,645 gram	160 grains.	8,84 gram.
Chlorure de sodium	0,170	2	0,1
— calcium cristall.	0,808	9	0,5
Sulfate de soude cristallisé	0,737	9	0,5
— magnésie cristall.	0,244	3	0,15
— fer cristallisé	0,009	1/8	0,006
Eau	1 litre.	20 onces.	625
Acide carbonique	4 litres.	4 vol.	4 vol.

On dissout dans l'eau les sels de soude; on ajoute la dissolution du sulfate de magnésie, puis celle du chlorure de calcium; on charge d'acide carbonique, et l'on reçoit cette eau saline gazeuse dans des bouteilles où l'on a introduit la dissolution concentrée du sulfate de fer.

§ V. EAUX MINÉRALES ACIDULES DANS LESQUELLES UNE PARTIE DES SELS INSOLUBLES, EST INTRODUITE DIRECTEMENT.

EAU D'AUDINAC.

En prenant pour base l'analyse de MM. Magne et Lafond, on obtient une eau d'une saveur trop ferrugineuse; car il est dit que l'eau naturelle a une saveur amère, un peu acerbe, laissant seulement un arrière-goût astringent. Aussi n'ai-je laissé que la huitième partie du fer indiqué par l'analyse, ce qui est bien suffisant. Pour pouvoir introduire le fer, je l'ai pris à l'état de sulfate, et j'ai ajouté la quantité de carbonate de soude nécessaire pour le décomposer; j'ai introduit par là dans l'eau un peu de sulfate de soude qui n'existe pas dans l'eau naturelle, mais la quantité en est très minime et indifférente.

Pr. : Sulfate de chaux	0,654 gram.	8 grains.	0,4 gram.
— magnésie cristallisé	1,128	13	0,7
Chlorure de magnésium cristallisé	0,686	8	0,43
Carbonate de chaux	0,540	6	0,340
Sulfate de fer cristallisé	0,020	1/4	0,012
Carbonate de soude cristall.	0,022	1/4	0,012
Eau gazeuse à cinq vol.	1 litre.	20 onces.	625

D'une part, on précipite à froid 1,173 d'hydrochlorate de chaux cristallisé, par du carbonate de soude; on lave le précipité : d'autre part, on fait une dissolution du carbonate de soude dans laquelle on délaie le précipité calcaire. On charge de 5 volumes d'acide carbonique, et l'on reçoit l'eau gazeuse dans des bouteilles qui contiennent les sels de magnésie, le sulfate de fer en dissolution et le sulfate de chaux en poudre fine.

Si l'on opère dans l'appareil de Genève, on peut mettre le sulfate de chaux dans le tonneau ; avec l'appareil de Bramah, il vaut mieux le mettre dans les bouteilles, parce qu'il se tient mal en suspension dans l'eau.

EAU DE CONTREXEVILLE.

L'analyse la plus récente que nous possédions de l'eau de Contrexeville est celle de M. Collard de Martigny. Il faut, toutefois, y ajouter le fer dont elle ne fait pas mention. Il y a, dans l'eau de Contrexeville, beaucoup de sels insolubles que l'on est forcé d'y introduire en nature. Le carbonate de fer y est remplacé par du sulfate de fer; on diminue proportionnellement le sulfate de magnésie, et on augmente la quantité du carbonate de cette base.

Pr.: Sulfate de chaux..........	1,079 gram.	13 grains.	0,67 gram.
— magnésie.......	0,018	» 1/5	0,011
Carbonate de chaux........	0,806	10	0,50
— magnésie....	0,123	1 1/2	0,076
— soude cristall.	0,021	» 1/4	0,013
Chlorure de calcium cristallisé..................	0,076	1	0,05
Chlorure de magnésium cristallisé.................	0,023	» 1/4	0,014
Sulfate de fer cristallisé....	0,030	» 1/3	0,018
Eau....................	1 litre.	20 onces.	625
Acide carbonique.	5 litres.	5 vol.	5 vol.

On emploie les carbonates calcaire et magnésien récemment précipités ; on les délaie avec soin, ainsi que le sulfate de chaux, dans la dissolution des autres sels ; on charge d'acide carbonique et l'on reçoit dans des bouteilles où l'on a introduit la dissolution de sulfate du fer.

L'opération réussit plus certainement quand on opère dans l'appareil de Genève ; la dissolution du carbonate calcaire est plus assurée que lorsque le mélange des matières salines est seulement introduit dans les bouteilles ou même qu'il est amené dans le récipient de Bramah.

EAU DE POUGUES.

J'ai pris pour base de la composition de l'eau artificielle l'analyse de l'eau minérale de Pougues faite par M. Henry. Les carbonates terreux sont en trop forte proportion, par rapport aux autres sels, pour qu'on puisse, par un échange réciproque, les transformer en sels solubles.

D'une part,

Pr. : Chlorure de calcium cristallisé.	2,35 gram.	43 grains.
Sulfate de magnésie cristallisé.	1,666	30
Carbonate de soude cristallisé.	S. Q.	

On précipite séparément la dissolution du chlorure de calcium et celle du sulfate de magnésie, par un excès de carbonate de soude ; on lave les précipités. La décomposition du premier sel doit être faite à froid, et celle du second à l'ébullition ; alors,

Pr. : Carbonate de chaux.	La totalité.	11 grains.	0,6 gram.
— magnésie. ...	La totalité.	7	0,36
— soude cristallisé.	1,20 gram.	14	0,75
Sulfate de chaux.	0,240	3	0,150
— soude cristallisé.	0,610	7	0,381
Chlorure de magnésium cristallisé.	0,610	9	0,465
Sulfate de fer.	0,070	4/5	0,043
Eau.	1 litre.	20 onces.	625
Acide carbonique.	5 litres.	5 vol.	5 vol.

faites dissoudre le sulfate de fer dans une petite quantité d'eau, et introduisez la dissolution dans une bouteille ; d'autre part, mêlez à l'eau les sels solubles et insolubles ; chargez d'acide carbonique et introduisez l'eau gazeuse qui en résulte dans des bouteilles qui contiennent le sel de fer.

EAU DE SEISSCHUTZ.

L'eau de Seisschutz a les mêmes propriétés que l'eau de Sedlitz. En se basant sur l'analyse que Bergmann en a faite, on ne peut faire d'échange qu'entre le chlorure de magnésium et le sulfate de chaux ; il reste par litre un excédant de 0,096 grammes de sulfate de chaux que l'on ne peut transformer. Il y a aussi du carbonate de chaux et du carbonate de magnésie, que, faute de sel de soude, on ne peut changer en sel soluble. La formule d'eau artificielle est celle-ci :

Pr. : Sulfate de magnésie cristallisé.	20,811 gram.	3 gros 1/4.	13 gram.
Chlorure de calcium cristallisé.	0,609	8 grains.	0,41
Sulfate de chaux.	0,096	1 1/5	0,06
Carbonate de chaux.	0,144	2	0,09
— magnésie.	0,294	4	0,2
Eau gazeuse à cinq vol.	1 litre.	20 onces.	625

On délaie les carbonates terreux et le sulfate de chaux dans la dissolution du chlorure de calcium et du sulfate de magnésie ; on divise ce mélange dans des bouteilles et l'on remplit d'eau gazeuse simple ; ou mieux encore, on met le mélange salin dans le tonneau et l'on charge d'acide carbonique.

EAUX FERRUGINEUSES.

Les eaux ferrugineuses doivent être préparées avec de l'eau bien privée d'air, autrement l'oxigène fait passer le fer à l'état de peroxide, et il se précipite sous la forme de flocons rougeâtres. Le fer agit sur la matière tannante des bouchons, et finit par s'y précipiter en un composé insoluble ; aussi s'aperçoit-on que les bouchons noircisseut. Pour éviter que cet effet ne se produise, on se sert de bouchons que l'on a fait tremper longtemps en vases clos dans une dissolution de proto-sulfate de fer ; par ce moyen, toutes les parties du liége qui peuvent agir sur le fer épuisent leur action ; on retire les bouchons, on les lave et on les fait tremper dans de l'eau pure que l'on renouvelle à plusieurs reprises pour enlever tout le sel de fer soluble qui avait pu rester adhérent.

§ I. EAUX FERRUGINEUSES QUI RÉSULTENT D'UNE SIMPLE DISSOLUTION DES SELS.

EAU CHALYBÉE.

Pr. : Sulfate de fer cristallisé, demi-grain à un grain	0,025 à 0,05	grammes.
Eau privée d'air, deux livres	1000	

Faites dissoudre et conservez dans une bouteille bien bouchée.

On prépare une eau qui a une saveur ferrugineuse prononcée, et que l'on emploie sous le nom d'EAU FERRÉE, en versant de l'eau bouillante sur des clous rouillés et laissant refroidir. Quand on fait boire au malade cette eau encore trouble, on lui donne une proportion assez considérable d'oxide de fer ; mais si l'eau ferrée a été filtrée, elle en contient fort peu.

§ II. EAUX FERRUGINEUSES ACIDULES.

EAU DE BUSSANG.

La base de la formule de l'eau artificielle de Bussang est l'analyse faite de cette eau par M. Fodéré ; le carbonate de chaux et le sel marin y sont transformés en hydrochlorate de chaux et en carbonate de soude ; il manquerait, pour arriver à ce résultat, un cinquième du sel marin nécessaire ; et comme on base la quantité d'hydrochlorate de chaux sur celle du carbonate de cette base, l'eau artificielle contient nécessairement un peu plus de sel marin que l'eau naturelle, ce qui est peu important ; il manque aussi du sulfate de soude, pour changer le carbonate de fer en sulfate : on emploie pourtant le fer à l'état de sulfate. Il en résulte que le produit contient quelques centigrammes de sel de soude qui ne devraient pas s'y trouver.

Pr. : Carbonate de soude cristallisé	0,252 gram.	3 grains.	0,16 gram.
Sulfate de chaux	0,162	2	0,10
Sulfate de magnésie cristallisé	0,027	» 1/3	0,017
Chlorure de calcium cristallisé	0,241	3	0,15
Sulfate de fer cristallisé	0,061	» 4/5	0,04
Eau gazeuse à cinq vol.	1 litre.	20 onces.	625

On dissout le sulfate de magnésie, l'hydrochlorate de chaux et le sulfate de fer dans un peu d'eau; on partage cette dissolution dans les bouteilles, et l'on remplit avec de l'eau gazeuse qui tient en dissolution le carbonate de soude. On pourrait également ne conserver à part que le sulfate de fer, et charger d'acide carbonique le mélange des autres dissolutions salines.

EAU FERRUGINEUSE ACIDULE.

Pr. : Sulfate de fer cristallisé....	0,08 gram.	1 grain.	0,05 gram.
Carbonate de soude cristall.	0,32	4	0,20
Eau privée d'air..........	1 litre.	20 onces.	625
Acide carbonique.	5 litres.	5 vol.	5 vol.

On fait dissoudre le sulfate de fer et le carbonate de soude séparément dans une petite quantité d'eau ; on introduit les deux dissolutions dans une bouteille, et l'on remplit avec de l'eau gazeuse qui a été faite avec de l'eau privée d'air.

EAU DE FORGES.

J'ai pris pour base de la composition de l'eau de Forges, l'analyse de la source royale dont l'eau est principalement usitée. Le carbonate de chaux et le sel marin, indiqués par l'analyse, sont employés tout entiers à se décomposer mutuellement, et sont, par conséquent, remplacés par du chlorure de calcium et du carbonate de soude, tous deux solubles. Le fer est introduit à l'état de sulfate; mais il faut ajouter la quantité de carbonate de soude nécessaire pour le convertir en carbonate. Il en résulte la présence dans l'eau artificielle des éléments de quelques milligrammes de sulfate de soude que l'analyse n'indique pas ; ce qui est sans aucune importance.

Pr. : Chlorure de calcium cristallisé....................	0,073 gram.	4/5 grain.	0,048 gram.
Chlorure de magnésium cristallisé.	0,012	1/6	0,008
Sulfate de fer cristallisé....	0,060	2/3	0,033
— chaux.	0,027	1/3	0,017
— magnésie cristall.	0,084	1	0,050
Carbonate de soude cristall.	0,176	2	0,100
Eau....................	1 litre.	20 onces.	625
Acide carbonique........ ..	5 litres.	5 vol.	5 vol.

On fait une première dissolution des chlorures terreux et du sulfate de magnésie ; on y délaie le sulfate de chaux ; on y mêle ensuite le sulfate de fer dissous dans un peu d'eau ; on divise dans les bouteilles que l'on remplit avec la dissolution du carbonate de soude chargée d'acide carbonique.

EAU DU MONT-D'OR.

C'est l'analyse de l'eau du puits de César, par M. Berthier, qui m'a servi de base. Le carbonate de chaux et une quantité correspondante de sel marin sont remplacés par du chlorure de calcium et du carbonate de soude ; un échange analogue entre le carbonate de magnésie et une autre partie de sel marin fournit du carbonate de soude et du chlorure de magnésium.

Le fer est introduit à l'état de sulfate ; le sulfate de soude correspondant est retranché, et il est remplacé par une quantité proportionnelle de carbonate de soude.

Toutefois j'ai retranché la moitié du fer donné par l'analyse, car l'eau aurait été trop ferrugineuse.

Pr. :			
Carbonate de soude cristallisé	12,448 gram.	2 gros.	8 gram.
Chlorure de calcium cristallisé	0,347	4 grains.	0,2
Chlorure de magnésium cristallisé	0,130	1 1/2	0,08
Sel marin	1,113	14	0,75
Sulfate de fer cristallisé	0,033	» 2/5	0,020
Sulfate de soude cristallisé	0,108	1 2/5	0,07
Eau	1 litre.	20 onces.	625
Acide carbonique	5 litres.	5 vol.	5 vol.

On fait une dissolution des sels de soude, on la charge d'acide carbonique ; on fait d'autre part une dissolution dans une petite quantité d'eau des chlorures terreux, on y ajoute le sulfate de fer également dissous ; on partage cette liqueur dans des bouteilles que l'on remplit avec la dissolution gazeuse des sels de soude.

EAU DE PASSY.

Pr. : Sulfate de chaux..........	1,536 gram.	18 grains.	1 gram.
— magnésie cristall.	0,200	2 1/4	0,125
— soude cristallisé..	0,280	3 1/2	0,175
— alumine........	0,110	1 2/5	0,070
— fer cristallisé....	0,148	1 4/5	0,092
Chlorure de sodium.......	0,260	3	0,160
— magnésium cristallisé.........	0,150	2	0,100
Eau gazeuse à cinq vol....	1 litre.	20 onces.	625

J'ai pris pour type de cette formule l'analyse d'une des sources nouvelles de Passy, par M. Henry. J'ai augmenté l'acide carbonique, qui est en petite quantité dans l'eau naturelle, ce qui rend l'eau aigrelette et plus agréable. On conseille généralement de supprimer le sulfate de chaux comme inutile, et c'est avec grande raison.

EAU DE PROVINS.

C'est l'analyse de MM. Vauquelin et Thénard qui sert de base à la composition de l'eau artificielle. La proportion de fer trouvée par l'analyse est beaucoup trop forte, l'eau ne serait pas potable; je l'ai diminuée de moitié. Il faut augmenter un peu la quantité de sel marin dans l'eau artificielle, afin de pouvoir y introduire le manganèse et le fer à l'état de sels solubles. On les emploie sous forme de chlorures, et l'on ajoute la quantité de carbonate de soude nécessaire pour reproduire les carbonates de fer et de manganèse et le sel marin.

Pr. : Carbonate de chaux.......	0,550 gram.	7 grains.	0,34 gram.
— magnésie....	0,083	1	0,05
— soude cristallisé.......	0,192	2 1/2	0,125
Chlorure de fer...........	0,060	» 3/4	0,037
— manganèse....	0,025	» 1/3	0,016
Eau pure................	1 litre.	20 onces.	625
Acide carbonique.........	5 litres.	6 vol.	6 vol.

On délaie les carbonates terreux dans la dissolution du carbonate de soude, et l'on charge d'acide carbonique ; on reçoit l'eau gazeuse qui en résulte dans des bouteilles où l'on a introduit le sel de fer et celui de manganèse dissous dans une petite quantité d'eau.

EAU DE PYRMONT.

La formule d'eau artificielle de Pyrmont est calquée sur les résultats analytiques obtenus sur la source de Trinckquelle, par MM. Brandes et Krueger. Toutefois, on a négligé le principe résineux, qu'il est impossible d'imiter, et l'hydrogène sulfuré, qui n'est pas habituellement introduit dans cette eau.

Le carbonate de manganèse de l'eau naturelle et une quantité proportionnelle de sel marin ont été changés en chlorure de manganèse et en carbonate de soude. Un échange d'acide et de base entre le sulfate de soude et le carbonate de fer d'une part, et le carbonate de magnésie de l'autre, m'a permis de remplacer ces deux carbonates insolubles par des sulfates solubles dans l'eau. La proportion de carbonate de fer trouvée par l'analyse de Brandes et Krueger, est de 0,142 grammes par litre, ce qui est trop fort. J'ai adopté les quantités de carbonate de fer trouvées par Bergmann, savoir : 0,077 grammes par litre.

Pr. : Carbonate de chaux.......	0,943 gram.	12 grains.	0,60 gram.
— soude cristallisé.......	2,740	31	1,70
Sulfate de soude cristallisé..	0,063	7 1/2	0,37
— chaux..........	1,185	14	0,74
— magnésie cristall.	1,758	20	1,1
— fer cristallisé....	0,173	2	0,1
Sel marin...............	0,157	2	0,1
Chlorure de magnésium....	0,357	4	0,22
— manganèse....	0,003	» 1/27	0,002
Eau....................	1 litre.	20 onces.	625
Acide carbonique.........	5 litres.	5 vol.	5 vol.

On dissout les sels de soude dans l'eau destinée à l'opération ; on y ajoute les sels de magnésie dissous également, et l'on y délaie le carbonate de chaux récemment précipité ; on charge cette liqueur d'acide carbonique.

D'autre part, on fait une dissolution du sulfate de fer dans laquelle on délaie le sulfate de chaux ; on l'introduit dans des bouteilles que l'on remplit promptement avec l'eau alcaline gazeuse.

A cause de la forte proportion de carbonate de chaux qui est contenue dans l'eau de Pyrmont, l'opération réussit mieux par le procédé de Genève, en mettant les sels dans le tonneau à compression.

EAU DE SPA.

J'ai pris pour base de l'eau artificielle l'analyse faite par Monheim de la source de Spa, dite le Pouhon. J'ai introduit le fer à l'état de chlorure, en retranchant la quantité de sel marin correspondante, et la remplaçant par le carbonate de soude. J'ai introduit l'alumine à l'état d'alun, et j'ai ajouté la quantité de carbonate de soude nécessaire pour précipiter la terre alumineuse. Il a fallu, pour cela, introduire dans l'eau artificielle quelques traces de sulfate, que l'eau naturelle ne contient pas, ce qui est sans importance.

Pr. :			
Carbonate de soude cristallisé	0,411 gram.	5 grains.	0,26 gram.
Carbonate de chaux	0,048	» 3,5	0,030
— magnésie	0,020	» 1/4	0,012
Chlorure de fer	0,072	» 4/5	0,040
Alun cristallisé	0,010	» 1/7	0,007
Eau	1 litre.	20 onces.	625
Acide carbonique	5 litres.	5 vol.	5 vol.

On délaie le carbonate de chaux et le carbonate de magnésie dans la dissolution du carbonate de soude; on ajoute le chlorure de fer et l'alun, qui ont été dissous séparément; on divise le tout dans des bouteilles que l'on remplit d'eau gazeuse simple.

On pourrait également ne réserver, pour mettre dans les bouteilles, que le sel de fer et le sel d'alumine, et charger d'acide carbonique l'eau contenant les autres matières salines.

EAU DE VALS.

C'est l'analyse de la source de la Marquise qui sert de base à la composition de l'eau artificielle. On convertit le carbonate de chaux en chlorure, au moyen du sel marin de l'eau naturelle, et on remplace celui-ci par du carbonate de soude. Il est vrai que le sel marin de l'eau ne suffirait pas complétement à cet échange, et qu'il faut en introduire dans l'eau un peu plus qu'elle n'en contient naturellement.

Pr. :			
Carbonate de soude cristallisé	10,265 gram.	116 grains.	6,4 gram.
Sulfate de soude cristallisé	0,059	» 3/4	0,036
— fer cristallisé	0,049	» 3/5	0,033
Magnésie blanche	0,125	1 3/4	0,083
Chlorure de calcium cristallisé	0,391	5	0,25
Eau	1 litre.	20 onces.	625
Acide carbonique	5 litres.	5 vol.	5 vol.

On dissout les sels de soude ; d'autre part, on fait une dissolution du chlorure de calcium, on mélange les liqueurs, on y délaie la magnésie blanche, et l'on charge d'acide carbonique ; l'on partage le sulfate de fer dans les bouteilles que l'on achève, aussi promptement que possible, de remplir avec l'eau gazeuse et saline.

EAUX SULFUREUSES.

Les eaux sulfureuses contiennent de l'acide sulfhydrique (hydrogène sulfuré) ou des sulfures alcalins (hydrosulfates ou sulfhydrates), ou en même temps de l'acide sulfhydrique et des sulfures.

Quand une eau minérale contient à la fois des sels et de l'acide hydrosulfurique, on fait une dissolution des sels dans l'eau, et d'une autre part on prépare une dissolution saturée d'hydrogène sulfuré, en faisant traverser pendant longtemps de l'eau par un courant de ce gaz. On n'arrête l'opération que lorsqu'on s'aperçoit que depuis longtemps déjà l'eau cesse d'en dissoudre. Cette eau hydrosulfurée saturée contient 2 fois son volume de gaz. On part de cette donnée pour calculer la quantité qui doit entrer dans chaque bouteille d'eau minérale ; on introduit cette eau dans les bouteilles, et on achève de les remplir avec la dissolution que les sels fixes ont fournie. Une condition essentielle de succès dans la préparation de ces eaux, de même que pour toutes les autres espèces d'eaux sulfureuses, est de se servir d'eau privée d'air ; on se la procure en soumettant l'eau qui doit être employée, à une ébullition un peu prolongée, et en la laissant refroidir dans des vases fermés. L'oxigène de l'air aurait pour effet de brûler l'hydrogène du gaz hépatique et de déterminer un dépôt de soufre, en même temps que l'eau perdrait une partie de ses propriétés.

Le sulfure de sodium (sulfhydrate de soude) est le seul qui ait, jusqu'à présent, été introduit dans les eaux. On l'obtient en faisant passer un courant d'hydrogène sulfuré dans une dissolution concentrée de soude caustique.

Comme il est extrêmement soluble, on l'introduit dans les eaux minérales sans difficulté.

L'introduction simultanée de l'hydrosulfate de soude et de l'hydrogène sulfuré dans les eaux minérales se fait de la même manière que si chacun de ces corps devait y entrer séparément.

Quand une eau minérale contient en même temps de l'acide carbonique et de l'hydrogène sulfuré, il faut préparer de l'eau gazeuse et saline à la manière ordinaire, mais avec de l'eau privée d'air. On en remplit des bouteilles, en ayant soin de laisser un espace vide pour recevoir la dissolution concentrée d'hydrogène sulfuré. Au moment où l'on enlève la bouteille du robinet, on y ajoute vivement l'eau hydrosulfuree, et l'on bouche de suite. On perd ainsi moins de gaz hépatique que si l'on mettait d'abord l'eau qui en est chargée dans les bouteilles, parce que le courant d'acide carbonique qui se dégage continuellement entraînerait avec lui une assez forte proportion d'hydrogène sulfuré.

§ I. EAUX SULFUREUSES CONTENANT LE SOUFRE A L'ÉTAT D'HYDROGÈNE SULFURÉ.

EAU DE LEAMINGTON.

Bien que l'eau sulfureuse de Leamington soit peu employée, j'ai donné ici sa formule comme un exemple d'une eau contenant seulement des sels solubles et de l'hydrogène sulfuré, sans acide carbonique et sans sulfure.

Pr. : Sel marin	6,29 gram.	72 grains.	4 gram.
Chlorure de calcium cristall.	2,91	33	1,8
— de magnésium cristallisé	2,29	26	1,4
Sulfate de soude cristallisé.	0,88	10	0,53
Eau pure	0,875 litre.	7/8 bout.	547
Eau hydrosulfurée simple. .	0,125	1/8	78

On dissout les sels dans de l'eau qui a été portée à l'ébullition pour expulser l'air, et qui a été refroidie en vases clos; on filtre la dissolution et on l'introduit dans les bouteilles que l'on ne remplit qu'aux $^7/_8$; on ajoute l'eau hydrosulfurée, et l'on bouche promptement et exactement.

Chaque litre d'eau contient le quart de son volume d'hydrogène sulfuré.

EAU D'AIX-LA-CHAPELLE.

L'eau d'Aix-la-Chapelle ne paraît pas susceptible d'être imitée avec exactitude. Suivant Lansberg, et c'est aussi l'avis de MM. Reumont et Monheim, son odeur a quelque chose de spécial, différent de l'odeur propre à l'hydrogène sulfuré. Dans les points où les vapeurs qui se dégagent de l'eau ont le libre accès de l'air, il se forme de l'acide sulfurique à leurs dépens. L'eau contient aussi une matière organique particulière qui répand, quand elle se putréfie, une odeur remarquable d'amandes amères. La formule suivante, destinée à fournir de l'eau d'Aix-la-Chapelle artificielle, ne donne par conséquent qu'une imitation fort imparfaite de l'eau naturelle.

Pr. : Bi-carbonate de soude.....	1,17 gram.	14 grains.	0,73 gram.
Chlorure de sodium.......	2,77	32	1,73
— calcium cristall.	0,28	3 1/2	0,17
— magnésium cristallisé.....	0,09	1	0,05
Sulfate de soude cristallisé..	0,60	8	0,37
Eau privée d'air..........	0,875 litre.	7/8 bout.	547
— hydrosulfurée........	0,125	1/8	78
Acide carbonique.........	2 vol.	2 vol.	2 vol.

On dissout séparément les sels de soude et les chlorures terreux dans une petite quantité d'eau, et l'on met successivement chacune des dissolutions dans les bouteilles; on introduit alors l'eau chargée d'acide carbonique, en ayant soin de réserver la place nécessaire pour l'eau hydrosulfurée; on ajoute celle-ci promptement et l'on bouche aussitôt la bouteille.

EAU DE NAPLES.

Pr. :					
Carbonate de soude cristallisé	1,6	gram.	18 grains.	1	gram.
Carbonate de magnésie	0,88		10	0,55	
Eau gazeuse à quatre vol.	0,875	litres.	7/8 bout.	547	
Eau hydrosulfurée	0,125		1/8	78	

On prépare une eau acidule à la manière ordinaire ; mais au lieu d'en remplir entièrement les bouteilles, on réserve l'espace nécessaire pour recevoir l'eau hydrosulfurée ; on introduit rapidement celle-ci, et on bouche avec promptitude.

§ II. EAUX SULFUREUSES CONTENANT LE SOUFRE A L'ÉTAT DE SULFURE ALCALIN.

EAU DE BARÉGES.

La composition de l'eau de Baréges, ainsi que celles des autres sources sulfureuses des Pyrénées, est trop mal connue pour que l'on puisse espérer de les imiter artificiellement. Les chimistes qui se sont occupés le plus récemment de l'analyse de ces sources, s'accordent à regarder le principe hépatique comme étant le sulfure de sodium ou hydrosulfate de soude. Ce sel est associé à de la soude ; mais tandis que M. Anglada et M. Orfila pensent qu'elle est combinée à l'acide carbonique, M. Longchamps et M. Fontan croient qu'elle s'y trouve à l'état de silicate. Suivant M. Fontan encore, le principe sulfureux ne serait pas le sulfure de sodium simple, mais le sulfhydrate de sulfure de sodium, c'est-à-dire la combinaison du sulfure de sodium avec le sulfure d'hydrogène ou hydrogène sulfuré.

A l'incertitude que laisse ce premier désaccord entre les chimistes, s'ajoute l'incertitude où nous sommes sur l'état de la chaux que l'on retrouve dans le résidu de l'évaporation, et que les réactifs n'accusent pas dans l'eau de la source. Mais ce qui rendra toujours imparfaite l'imitation des eaux sulfureuses des Pyrénées, c'est l'impossibilité où nous sommes de reproduire artificiellement la matière glaireuse qui s'y trouve ; nos eaux artificielles ne possèdent nullement le caractère d'onctuosité si remarquable dans ces eaux naturelles.

Cependant les formules d'eaux minérales sulfureuses artificielles, si elles ne représentent que grossièrement les eaux naturelles, fournissent cependant des médicaments utiles, et que l'on doit être d'autant plus heureux de posséder, que les eaux naturelles des Pyrénées transportées dans les dépôts ne tardent pas à s'y altérer et à y perdre toutes leurs propriétés médicinales. Il y a longtemps que M. Anglada a proposé de prendre pour toutes les eaux des Pyrénées une formule moyenne commune. Cette opinion a été adoptée par le Codex qui a donné la formule suivante :

Pr. : Sulfure de sodium cristallisé.	0,216 gram.	2 grains.	2/3	0,135 gram.
Carbonate de soude cristall.	0,216	2	2/3	0,135
Chlorure de sodium.......	0,216	2	2/3	0,135
Eau privée d'air..........	1 litre.	20 onces.		625

Faites dissoudre et conservez dans des bouteilles bien bouchées.

Si l'opinion de M. Fontan était admise, il faudrait ajouter une quantité d'eau hydrosulfurée capable de transformer le sulfure de sodium en sulfure double d'hydrogène et de sodium, ou bi-hydrosulfate de soude, savoir 3 centilitres d'eau hydrosulfurée par litre, 2 centilitres par bouteille.

Je rapporte toutefois les formules qui se déduiraient de l'analyse de chaque espèce principale des eaux minérales des Pyrénées.

EAU DE BARÉGES.

En prenant pour base l'analyse de l'eau de la Buvette à Baréges, faite par M. Longchamps, on arrive à la formule suivante :

Pr. : Sulfure de sodium cristallisé..................	0,129 gram.	1 grain	3/5	0,08 gram.
Carbonate de soude cristall.	0,030	»	1/3	0,018
Sulfate de soude cristallisé..	0,112	1	1/3	0,070
Sel marin...............	0,040	»	1/2	0,025
Eau....................	1 litre.	20 onces		625

On dissout les sels dans de l'eau privée d'air, on en remplit presque entièrement les bouteilles ; on les bouche de suite et avec beaucoup de soin.

EAU DE BAGNÈRES DE LUCHON.

Bayen a obtenu par évaporation de l'eau de Bagnères, du sel marin, du sulfate de soude et du carbonate de soude. M. Longchamps a déterminé la quantité de sulfure de sodium dans cinq sources différentes, et la moyenne de ses analyses donne 0,0733 de sulfure alcalin par litre. En combinant ces résultats avec ceux obtenus par Bayen, on trouve à la formule suivante:

Pr.:			
Sulfure de sodium cristall.	0,243 gram.	3 grains.	0,15 gram.
Carbonate de soude cristall..	0,100	1 1/5	0,063
Sel marin...............	0,078	1	0,05
Eau non aérée..........	1 litre.	20 onces.	625

EAU DE BONNES.

M. Longchamps, qui a examiné la source des Eaux-Bonnes, l'a trouvée tout à fait analogue aux autres sources des Pyrénées; il y admet 0,0251 grammes de sulfure de sodium par litre. En adoptant ce résultat, on aurait la formule suivante :

Pr.:			
Sulfure de sodium cristallisé...............	0,075 gram.	1 grain.	0,046 gram.
Sel marin..............	0,322	4	0,200
Carbonate de soude cristall.	0,100	1 1/5	0,063
Sulfate de magnésie.......	0,113	1 1/3	0,070
Eau non aérée..........	1 litre.	20 onces.	625

EAU DE CAUTERETS.

En partant de l'analyse que M. Longchamps a faite de l'eau de la source de la Raillère à Cauterets, on arrive à la formule suivante, à laquelle les observations faites précédemment sur l'eau de Baréges sont tout à fait applicables.

Pr.:			
Sulfure de sodium cristall.	0,069 gram.	» grain 4/5	0,043 gram.
Sulfate de soude cristallisé..	0,160	2	0,100
Sel marin..............	0,050	» 2/5	0,031
Carbonate de soude cristall.	0,015	» 1/5	0,010
Eau privée d'air..........	1 litre.	20 onces.	625

EAU DE SAINT-SAUVEUR.

En partant de l'analyse de l'eau de Saint-Sauveur faite par M. Longchamps, on arrive à la formule suivante :

Pr. : Sulfure de sodium cristallisé.	0,077 gram.	1 grain.	0,048 gram.
Sulfate de soude cristallisé..	0,085	1	0,053
Chlorure de sodium.......	0,073	1	0,045
Carbonate de soude cristall.	0,030	» 1/3	0,018
Eau non aérée..........	1 litre.	20 onces.	625

§ III. EAUX FERRUGINEUSES SULFURÉES.

EAU DE SYLVANÈS.

J'ai pris pour base de la formule de l'eau artificielle de Sylvanès, l'analyse de la source naturelle faite par MM. Bérard et Coulet. Pour transformer les carbonates insolubles en sels solubles, j'ai été obligé d'augmenter un peu la proportion du sel marin, ce qui est sans inconvénients.

Pr. : Sulfate de fer cristallisé...	0,096 gram.	1 grain 1/5	0,060 gram.
Chlorure de calcium cristall.	0,283	3 1/2	0,176
— magnésium cristallisé........	0,590	7 1/3	0,368
Carbonate de soude cristall.	1,320	16	0,825
Eau gazeuse à trois vol....	0,940 litre.	18 onc. 6 gros.	585
Eau hydrosulfurée.......	0,060	10 gros.	40

On dissout à part le sulfate de fer et les chlorures terreux ; on divise la liqueur dans les bouteilles, et l'on y ajoute le carbonate de soude que l'on à fait dissoudre dans une petite quantité d'eau; on remplit les bouteilles avec de l'eau gazeuse, en réservant la place nécessaire à l'eau hydrosulfurée ; on ajoute celle-ci et l'on bouche promptement les bouteilles.

www.ingramcontent.com/pod-product-compliance
Ingram Content Group UK Ltd.
Pitfield, Milton Keynes, MK11 3LW, UK
UKHW031941260826
14628UKWH00004B/1765

9 782019 645649